ミシェル・ブリュネ
諏訪 元［東京大学総合研究博物館］監修
山田美明 訳

アベルからトゥーマイへ

人類の原点を求めて

D'ABEL
À TOUMAÏ
NOMADE,
CHERCHEUR D'OS

原書房

ミシェル・ブリュネ（左）とイヴ・コパン。2003 年エリゼ宮にて
© MPFT/ Michel Brunet

トゥーマイを囲むデヴィッド・ピルビーム教授（左）とミシェル・ブリュネ。2005 年ハーバード大学にて
© MPFT/ Michel Brunet

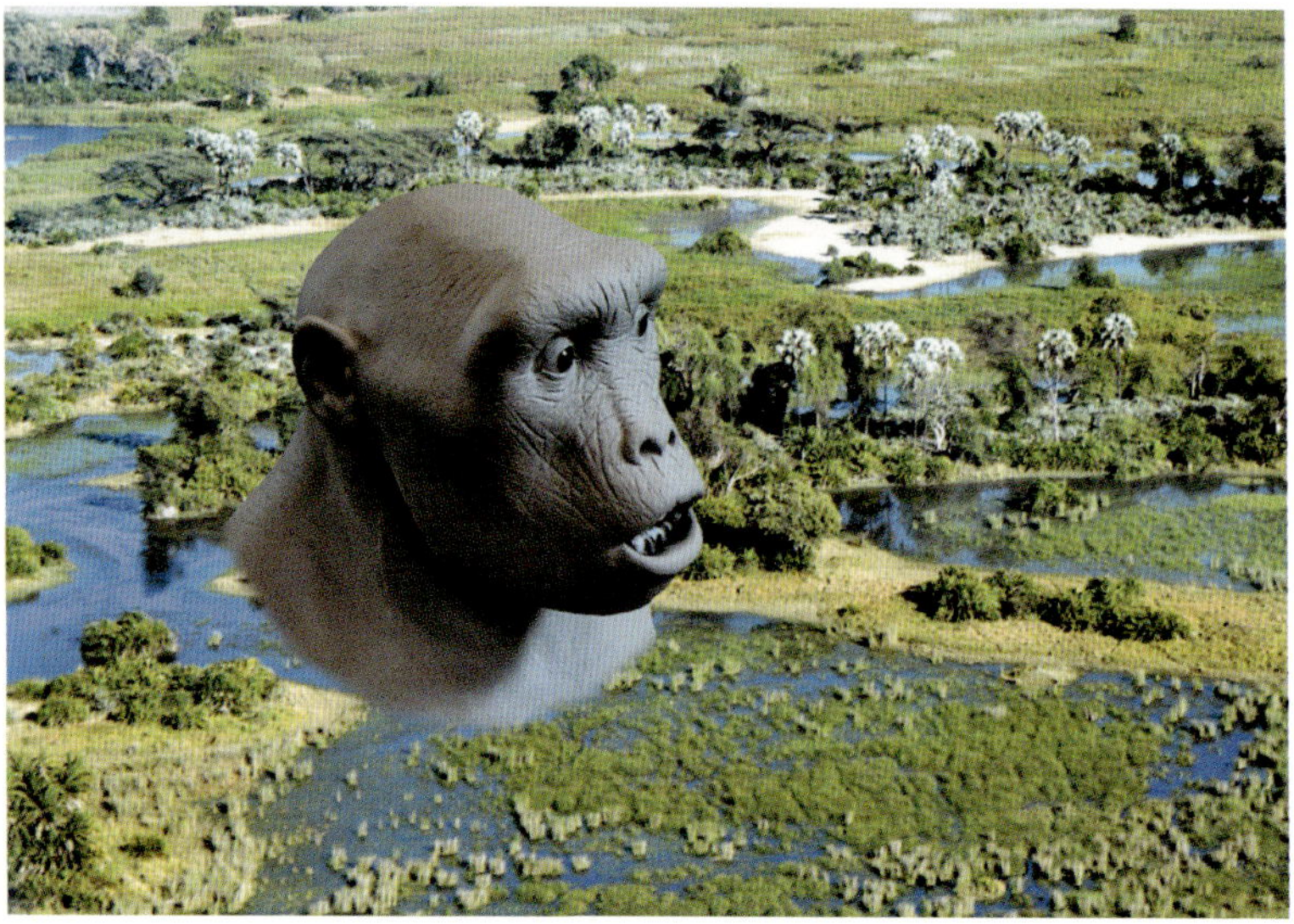

トゥーマイの胸像（E・デイネ製作）。背景はボツワナのオカバンゴ・デルタ　© MPFT

チャドのジュラブ砂漠で発掘を行うミシェル・ブリュネ　© MPFT

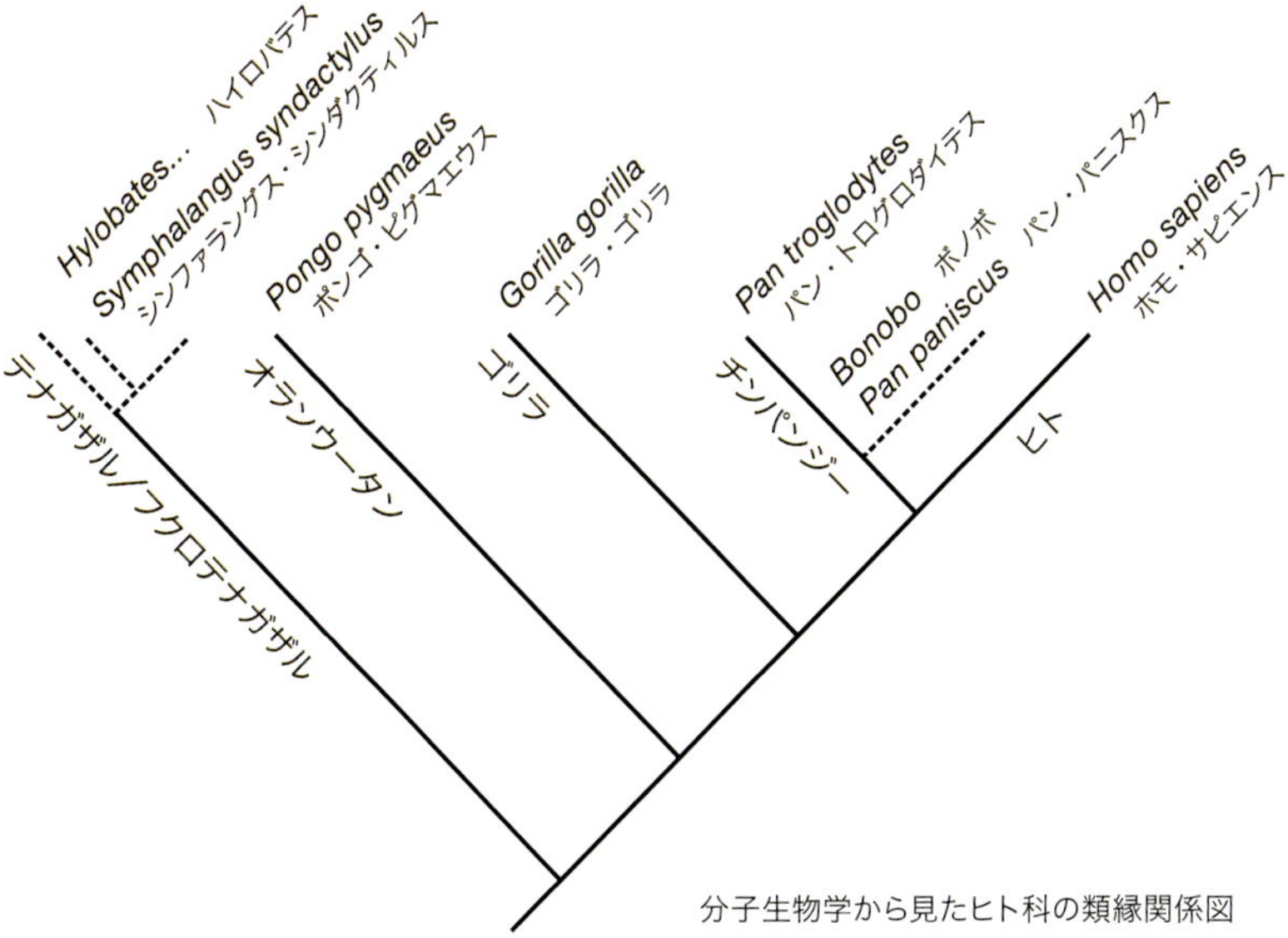

分子生物学から見たヒト科の類縁関係図

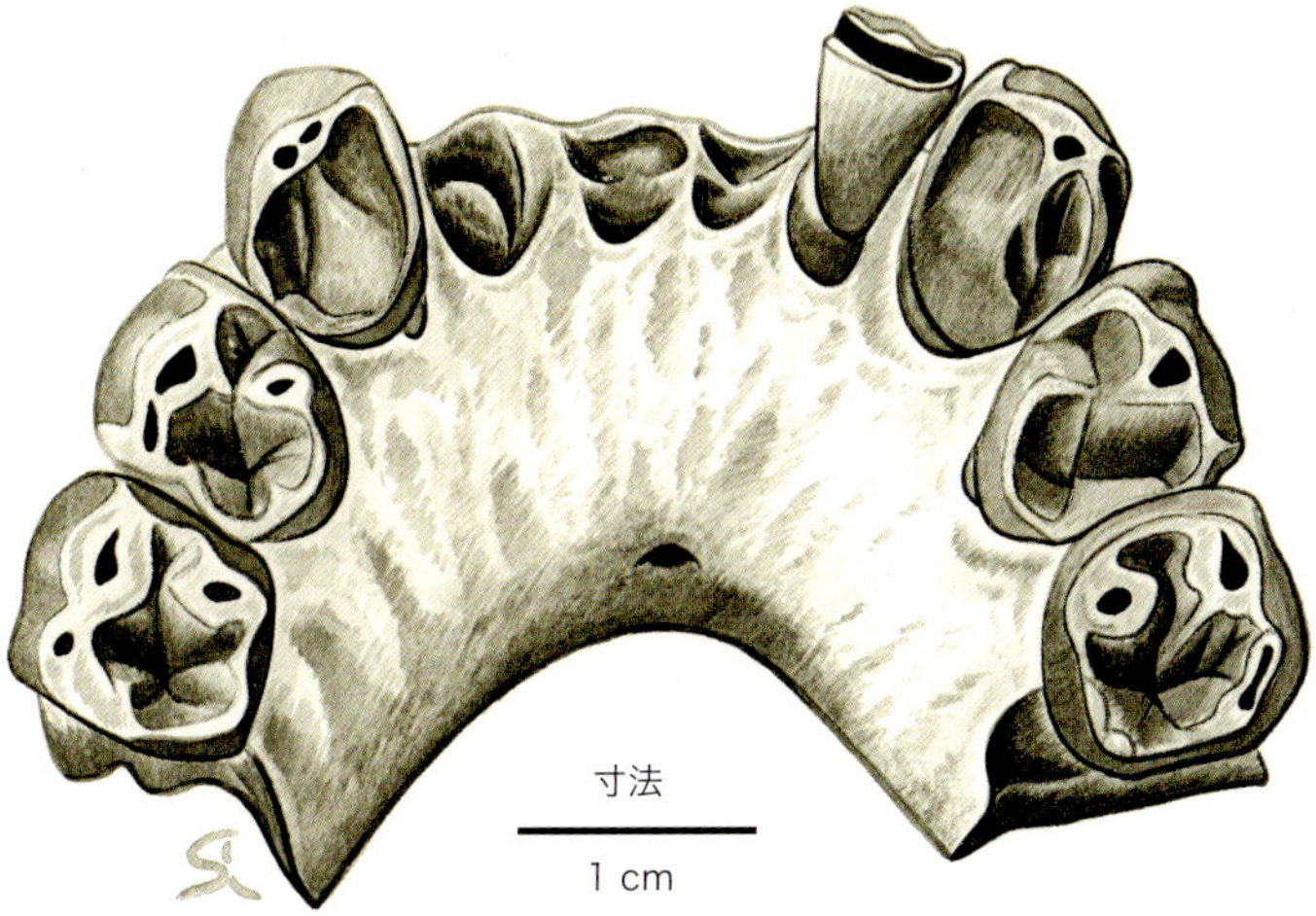

アベル（アウストラロピテクス・バーレルガザリ）の下顎

© Sabine Riffaut / MPFT

トゥーマイ（サヘラントロプス・チャデンシス）の頭蓋骨　© MPFT

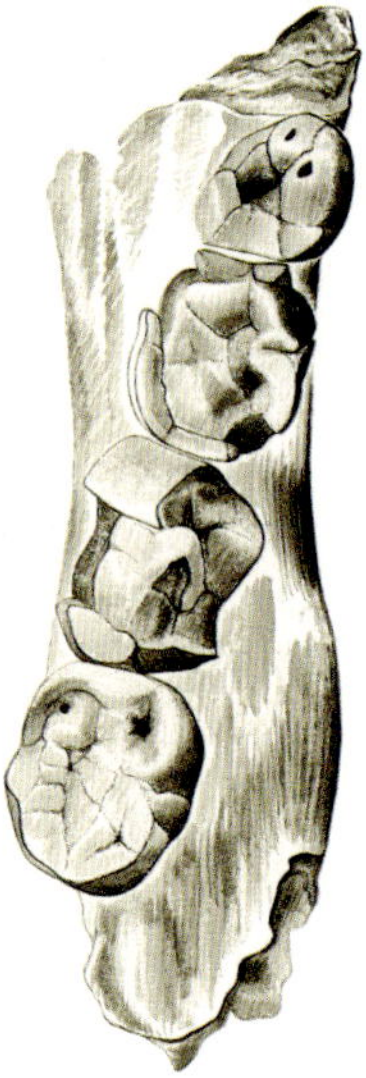

サヘラントロプス・チャデンシスの
右下顎　© Sabine Riffaut / MPFT

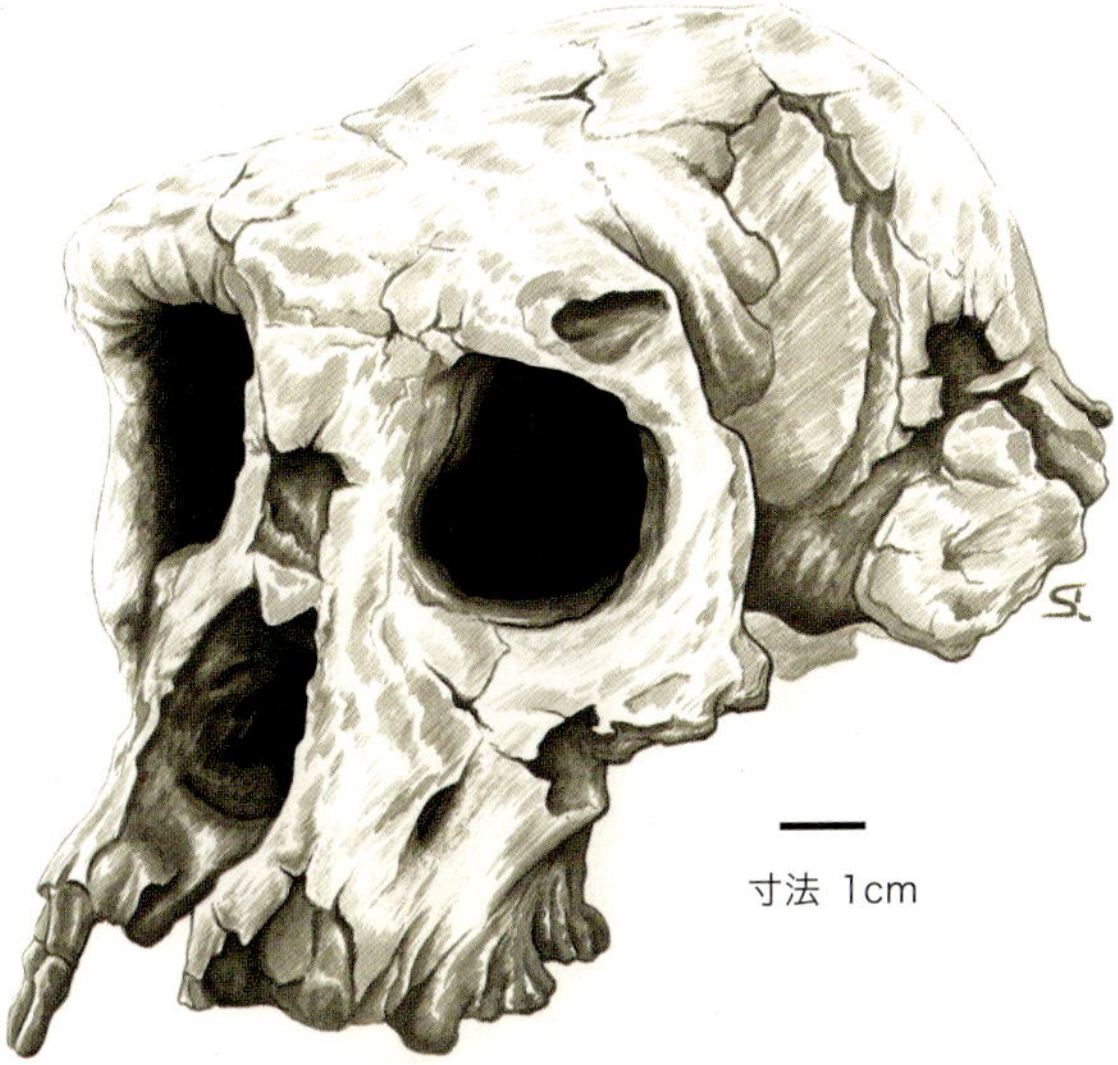

コンピュータ上で三次元的に再構成したトゥーマイ（サヘラントロプス・チャデンシス）の頭蓋骨模型の絵
© Sabine Riffaut / MPFT

E・デイネがミシェル・ブリュネの協力のもと製作したトゥーマイ像
© Sabine Riffaut / MPFT

トゥーマイに語りかけるミシェル・ブリュネ。E・デイネのアトリエにて

© Agnès Garaude / MPFT

左から、マカイェ・ハッサン・タイソ、パトリック・ヴィニョー、ミシェル・ブリュネ。チャドのジュラブ砂漠にて

© MPFT

トゥーマイに見られる人類最初の顔　© MPFT

ミシェル・ブリュネ（左）とアファンタ
（トゥーマイの発見者）　© MPFT

ミシェル・ブリュネ（左）とジャン＝ルノー・ボワスリー。ンジャメナのCNARにて　© MPFT

ジュラブ砂漠で発掘を行うMPFT（フランス＝チャド古人類学調査団）　© MPFT

左から、T・D・ホワイト教授、J・D・クラーク教授、ミシェル・ブリュネ、F・C・ハウエル教授。2001年バークレーにて　© MPFT/ Michel Brunet

2002年10月、仏ポワチエ大学から名誉博士号を授与された、ハーバード大学のデヴィッド・ピルビーム教授（最前列右端）

© MPFT/ Michel Brunet

わが友アベル・ブリヤンソーの思い出に

私を助け、支えてくれたすべての方々に

わが子に

目次

目次

人類揺籃の地――アフリカ大陸

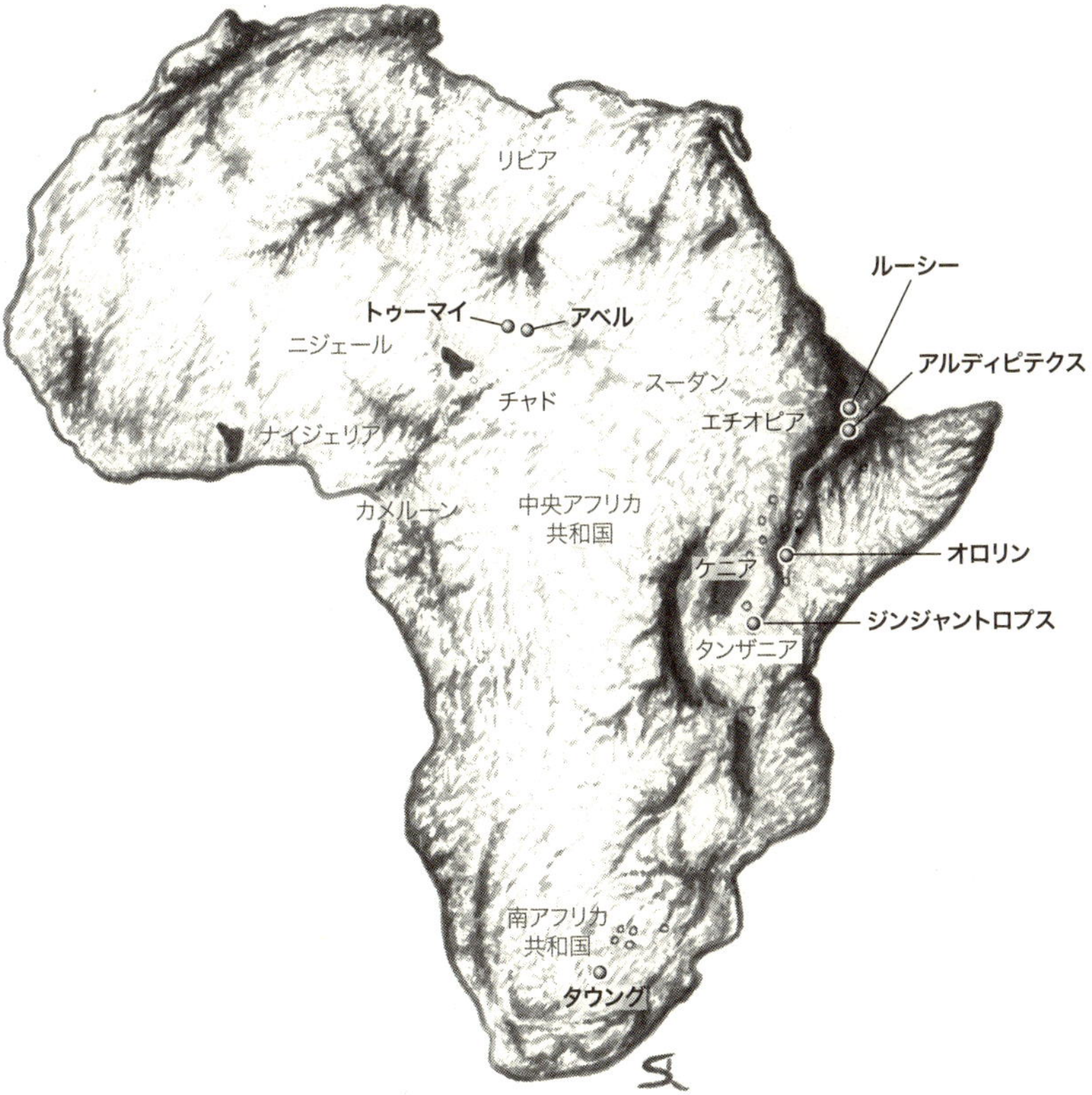

人類起源への地平線　ミシェル・ブリュネと私

諏訪　元

本書の主役のミシェル・ブリュネは、チャドで発見された猿人化石「アベル」と共に、一九九五年に初めて人類進化研究の表舞台に登場した。そして二〇〇一年には、今も最古の人類化石として知られている「トゥーマイ」の発見により、世界中の注目の的となった。「トゥーマイ」とは、「四〇〇万年の人類史」との認識が一九七〇年代以来長らく定着していたところを、「七〇〇万年の人類史」へと一気に変革する、その決定打となった頭骨化石である。人類進化の研究史の中でも、最も画期的な発見の一つと言えよう。本書は、その「アベル」と「トゥーマイ」の発見と、発見者ミシェル・ブリュネの物語である。

初期人類化石が東アフリカ大地溝帯より西からはまったく知られていなかった中、二〇〇〇キロ以上も離れたチャドで発見された「猿人」アウストラロピテクスの下顎の化石が「アベル」である。アウストラロピテクスの分布域を一気に広げる重要な発見であった。発見者のブリュネは、一九九五年末に、この新発見の化石の論文をいち早く発表し、「アベル」だけでなく、自身の存在をも世界中に示したのであった。ただ、猿人の進化史に一石を投じる重要な成果だったものの、人類進化研究の舞台風景を大きく変えるものではなかった。

当時、私を含むエチオピアの人類化石研究チームは、四四〇万年前のアルディピテクス・ラミダス（当時最古の人類化石）を一九九四年に発表したばかりであった。また、その発表後には、ラミダスの全身にわたる化石骨が新たに発見され、アウストラロピテクス以前の人類像の全貌をいよいよ垣間見ることができる、そうした期待感が湧き上がりつつあった。その後、エチオピアではラミダスより古い人類化石が発見され、私もその現場を一九九九年秋に訪れ、六〇〇万年前近い人類化石（後に「カダバ」と命名）の発掘の一助を担った。一方、ケニアでは二〇〇〇年の秋に、やはり六〇〇万年前近い「オロリン」が発見され、二〇〇一年早々に発表された。我々の研究グループでは、二〇〇一年夏に「カダバ」を発表した。次には、頭骨や体の骨など豊富な未発表情報のあるラミダスの研究体制を整え、アウストラロピテクス以前の最初期の人類像の解明に本格的に取り組むところであった（ラミダスの全貌の発表は二〇〇九年になされた）。

そうした中、二〇〇一年の初秋に衝撃的な情報が流れてきた。それは、どうもチャドから六〇〇万年前以前と思われる頭骨化石がまるまる発見されたらしい、といったものだった。ただし、ほんとうに人類化石なのか不明とも噂されていた。人類化石ならば破片でさえ大発見になる未知の時代のことである。完全近い頭骨化石がいきなり発見されることなど、先ずは考えられない。また、発見されたばかりの化石は、往々にして固まった堆積物に覆い隠されその一部しか観察できないため、専門家でさえ判定が困難なことがよくある。果たして、誤った予備評価が流出したのだろうか。私たちもまた、絶滅したイノシシ類か何かの動物化石かもしれない、そう慎重に見守ることにした。それだけ信じがたい大発見だったのである。

ブリュネが新化石（のレプリカ）を携え、さっそく世界各地を訪れて比較研究を進めたことは本書に詳述されている。その中で、カリフォルニア大学のホワイト氏のところをも訪れ、ラミダスのレプリカと比較した。私もホワイトから、ブリュネとの意見交換の様子をさっそく伝え聞いた。そして、その年の一二月には、私自身がポワチエ大学で実物の「トゥーマイ」の化石頭骨と対面することとなる。当時、ラミダス研究のため、現生の類人猿の中で最も人類的とも言われるボノボの比較データを集める必要があった。そのため、私自身、何度もヨーロッパの博物館を訪問していた。そこで、ラミダス研究チーム側を代表して、私がポワチエ大学まで足をのばし、「トゥーマイ」の実物化石を前にブリュネと意見交換する話が持ち上がったのである。我々ラミダス研究側としては、ブリュネの新化石が果たして人類か、ならばラミダスと同様なものか、それとも異なるのか、そういった見通しなしに研究を進めるのも難しい。一方、新化石をなるべく早期に発表したいブリュネ側としては、ラミダス研究チームがもっている豊富な化石情報に照らし合わせた意見交換ができればありがたかったのであろう。直立姿勢と関係するかもしれない後頭部の形状をどう評価するか、犬歯の特徴を確実に人類的と判定できるのか、そういったことが最大の焦点となる。おおよその意見交換はレプリカを用いてカリフォルニア大学で行われたものの、実物でしか議論できないことが多々ある。

私は、緊張感をもって、ポワチエ駅に到着した。すると、駅までブリュネ氏自身が迎えにきており、すぐさま研究室に直行、丸一日をブリュネと「トゥーマイ」と共にすごした。「トゥーマイ」は教授室の奥にある特別な金庫の保管庫からお出ましになったものの、研究標本として一旦議論が始まると、一化石でしかない。歯の割れ口や、他の遊離した化石のかけら、犬歯と上顎部の接合状況など、詳細に検討した。極めて専門的な意見交換をしたことを記憶している。特に、いくつか難しい判断があり、私とブリュネは複数の可能性について共に頭をひねり、最古級の人類化石だろうとの意見の一致を見ながらも、一部の結論を保留した。そうした突っ込んだ意見交換は、日ごろから研究協力関係にある間柄以外では珍しいのであるが、自然にそうした成り行きとなった。そしてその時の議論は、後のブリュネらの論文にも反映されているようだ。

私がポワチエを訪れた半年後の二〇〇二年夏に、「トゥーマイ」は科学誌『Nature《ネイチャー》』に華々しく発表された。その後、「トゥーマイ」は最古の人類の代名詞となり、ブリュネの名声はとどまるところを知らない。我々がラミダス研究を着々と進める中、ブリュネは、さらに「トゥーマイ」を高精細CT装置でデジタル情報化し、最新の手法を用いてコンピュータ内で復元してみせた。二〇〇三年には、ブリュネからその途中経過について内々に紹介され、我々ラミダス研究グループでも同様な試みを決意したのであった。ラミダスのデジタル復元頭骨と「トゥーマイ」との比較研究は、二〇〇九年の『Science サイエンス』誌に我々が発表した一連のラミダス論文においても重要な成果の一つとなっている。「トゥーマイ」とラミダスが果たして人類祖先か、未だ懐疑的な専門家が一部いる中、共に人類最古の進化段階を示す重要な化石として、互いを補強し合っているのである。

人類化石研究の周辺では、ややもすると発見者が脚光を浴び過ぎ、あるいは証拠不十分な短絡的解釈が誇大宣伝され、そうしたことの悪影響により、研究環境にさまざまな弊害が生じることも少なくない。本書においてもそうした事例の紹介が一部見られる。そうした中、私たちとブリュネは、互いの長年の尽力と成果に敬意を表し、良い連絡体制を維持できていることは幸いである。もっとも、専門的な解釈については意見が異なることも少なくないが、それは科学において当然のことである。

奇跡としか言いようのない稀な人類化石の発見は、黙々と調査を続けている中、ある日突然やってくる。その最終的な瞬間は偶然の賜物でもあるが、ブリュネ氏が本書で繰り返し述べているとおり、数多くの必然を積み上げてきたからこそ到来する「偶然」と思えてならない。
本書にもあるとおり、ブリュネ氏の健康状態は必ずしも万全でないものの、彼は驚くほど活力にあふれ続けている。これも化石に注がれる氏の情熱の賜物に間違いない。氏の活躍がいつまでも続くことを望まずにはいられない。

二〇一二年五月二〇日

日本語版に寄せて

ミシェル・ブリュネ

コレージュ・ド・フランスで、一九二九年から一九四七年まで先史学講座の正教授を務めた有名な先史学者アンリ・ブルイユ神父は、人類発祥の地とされる場所があちこちに移り変わるさまを〝さ迷える人類のゆりかご〟と表現した。

本書に記した私の経歴や、古代ヒト科の研究過程を読めば、まさにこの表現どおりだと実感してもらえるだろう。

私は当初（一九六五〜一九七五年）、ヨーロッパ、とりわけフランスに的を絞り、主に古代の哺乳類を研究していた。

その後、一九七〇年代後半になると調査の場をアジアに移した。当時は、インド亜大陸で人類が誕生したと信じられていた。パキスタンで発見されたラマピテクスが人類の祖先だと見なされていたからだ。

やがて私はアフガニスタンで八〇〇万年前の化石を数多く発見したが、一九七八年に戦争が始まり、調査をあきらめざるを得なくなってしまった。一九七九年にはイラクでも国外退去の憂き目にあっている。

しかし私は、パキスタンでハーバード大学教授デヴィッド・ピルビームに会うことができた。同大学人類学部の学部長でありピーボディ博物館の館長を務めている人物である。私たちはお互いの調査の成果を語り合った。私は、アフガニスタンで行った調査により、八〇〇万～七〇〇万年前に同地に生息していた動物が、パキスタンのシワリク丘陵に生息していた動物とは異なることを発見していた。つまりアフガニスタンとパキスタンはかつて、異なる生物地理区に属していたことになる。一方、ピルビームは、シワリク丘陵でヒト科の顔面の化石を発見し、これまでラマピテクスとされていた化石が、実はシバピテクスのメスであることを突き止めていた。シバピテクスとは、人類の仲間ではなくオランウータンの仲間である。

こうして二人の間に、現在まで変わらぬ友情が生まれた。意気投合した私たちは、アフリカ大陸の大地溝帯の西側で地質学調査および古生物学調査を行うことにした。古代ヒト科の専門家のほとんどが、東アフリカや南アフリカばかりを調査していた時代にである。

しかし、またも政治の壁が立ちはだかった。チャドとリビアが交戦中であり、本命のチャドで調査を行うことができなかったのだ。そこで私たちはカメルーンに狙いを定め、発掘調査に向かった。南部と西部から始めた調査は、中央部、北部、極北部、東部と場所を変えて行われたが、期待していた成果は上がらなかった。ピルビームは途中であきらめてしまったが、私は一〇年以上粘り強く調査を続けた。そして調査隊のメンバーとともに、中生代（白亜紀）の化石を数多く発掘した。植物（花粉を含む）、魚類、両生類、爬虫類（ワニや恐竜）、哺乳類の化石である。アフリカ大陸で中生代の哺乳類の化石が発見されたのは、これが初めてだった。だが、類人猿の化石はひとつもなかった。

私は決心した。チャド政府に対し、できるだけ早く（戦争終結後速やかに）調査を許可してくれるよう要請したのだ。

チャドのジュラブ砂漠のコロ・トロ地区およびアンガマ地区で発掘作業を始めたのは、一九九四年一月のことである。すると翌一九九五年一月にはコロ・トロでアベルを発見し、アウストラロピテクスが大地溝帯の西側にもいたことが初めて確認された。その後フランス＝チャド古人類学調査団（MPFT）が組織されると、調査が一気に進展した。コレやコッソム・ブグディでコロ・トロよりも古い地層が、トロス・メナラでそれよりもさらに古い中新世後期（七〇〇万年前）の地層が見つかった。二〇〇一年、現段階では先史人類最古の化石となるトゥーマイの頭蓋骨を発見したのは、このトロス・メナラにおいてである。化石探しにかけてはMPFT随一の腕を誇る、アフンタというンジャメナ大学の学生が見つけてくれたのだ。トロス・メナラの有望性を信じて調査を続けてきた私たちの努力が、この驚くべき大発見をもたらしたと言えよう。トロス・メナラでは、同時代の化石の産出地点が何百と確認されている。今のところ、トゥーマイの仲間の化石が見つかっているのは、そのうちの三箇所だけだ。

一九八〇年代、友人の人類学者イヴ・コパンは〝イーストサイド・ストーリー〟という古代のシナリオを提示した。人類は大地溝帯の東側、類人猿は西側で生まれたという仮説である。だがトゥーマイの発見により、人類がアフリカ起源であることは再確認されたが、東アフリカ起源であることは疑問視され、イーストサイド・ストーリーは再考を迫られることになった。先史人類は、黎明期からすでにかなり幅広い地域に生息していたのだ。

こうして人類の起源は書き換えられていく。その過程を見れば、次の言葉がまったく正しいことがわかるだろう。「科学的な見地に立てば、これまで化石が見つかっていないという理由だけで、ヒト科がいなかったと断言することはできない」

二〇一一年九月三〇日　パリにて

プロローグ

私が手がかりを探したのは、同僚の古生物学者が群れ集う、街灯に煌々と照らされた東アフリカではなく、ほのかな明かりにぼんやりと浮かび上がる西アフリカだった。友人のハーバード大学教授は、かつて私の足跡をそう表現した。この教授の言葉は正しい。

発掘調査を始めて今年で四四年になる。二〇年をかけてようやく初期人類の化石を発掘することができた。最初にアベル、次にトゥーマイである。この二種の古代ヒト科は、チャドの地に存在の痕跡を残してくれていたのだ。あり得ない、考えられない、信じられないと周囲から言われたが、科学者にとっての夢とは、思いもよらない可能性を理解しようと試みること、予想外の可能性を合理的・客観的事実に変えようと試みることなのではないだろうか？　私はいつも既存の学説を鵜呑みにしないよう努めている。

私は、人類の始まり、ヒトとチンパンジーの最終共通祖先から分岐した最初の人類を研究対象にしている。人類の起源、人類史の第一章、あるいは私たち人類そのもの、それが私の専門である。

その研究は、時に険しい、長く曲がりくねった道をたどらなければならないこともあったが、いつも心をわくわくさせてくれた。私が本書に記したのは、こうした研究の過程である。私の研究テーマは、漸新世（三四〇〇万〜二四〇〇万年前）の哺乳類の研究から、中新世後期から鮮新世にかけて（八〇〇万〜三〇〇万年前）の古代ヒト科の研究へと変わっていった。それにつれて調査地も、ヨーロッパからアジア、そしてアフリカへ、アフガニスタンからチャドへと移った。私の経歴は決して直線的なものではない。しかしそれは、科学的論理に従って人類史を考察した結果である。研究内容はさらに変わっていくかもしれない。だから私はまだ、これらの研究から何らかの結論を導き出すつもりはない。四〇年間発掘調査を行って学んだことを、あえてまとめるつもりもない。人類史には、まだ解明されていない部分が山ほどあり、突き止めるべき証拠、見つけるべき痕跡は無数にある。たどるべき道のりは、まだまだ長いのだ。

私は、撮影スタッフとともにトゥーマイに関するドキュメンタリー番組を撮影し終えた後、オディール・ジャコブ社の好意的な申し出に従い、本書の執筆を引き受けることにした。本書は、壇上から行う権威ずくの講義などではない。むしろ研究日誌と言ったほうがいい。化石を求めてさすらうポワチエ大学の一教授の手記だと思ってもらいたい。

そのため本書の内容は、実に多様なものとなった。古生物学者になるため必要だと思われる資質、この職業を通して自分自身や他人について学んだことを述べた部分もあれば、砂漠や砂嵐、カブールの爆撃、ガイド探しについて記した部分もある。また、個人的な思い出も書きとめておいた。発見に伴う失望や歓喜、仲間同士の助け合い、恐怖の瞬間など、きわめてありふれた人生の物語である。そのほか、科学的な筋道をどのようにたどっていったのか、なぜ前のステップから引き出した結論をもとに、次のステップを組み立てていく必要があるのか、科学には支配的な学説やコンセンサスよりも大胆さや賭けが必要なのはなぜか、といった考察にもページを割いた。もちろん、アベルやトゥーマイが人類の起源について何を教えてくれたのか、それらがなぜ学者の疑問や常識を一新してしまったのか、この二つの化石はどういう意味で〝予期せぬ科学上の事件〟だったのか、といった説明もしないわけにはいかない。

来る日も来る日も壮大な冒険を続けることができたのは、それを支えてくれた仲間のおかげである。本書では、いわば映画のメーキングフィルムのように、こうした仲間の活躍も紹介している。チームが調査の計画を練っていく過程、調査にとりかかる前に行っておかなければならない情報の確認や位置の特定、準備作業、調査団の選抜、世界中の研究室めぐり、研究の舞台裏、その他さまざまなスナップショットである。そんな私たちが既存の学説をひっくり返した経緯を記すことも忘れてはいない。

人類の起源を求め、ヒトとチンパンジーの最終共通祖先を求めて世界中で行われている調査に、私たちが新たな一ページを書き加えるに至った過程である。

この本を通して、研究・調査の過程で私を支え、私につき従ってくれたすべての方々に謝意を表したい。古生物の研究というのは、時をさかのぼる一風変わった仕事である。そこには夢がある。類いまれな冒険がある。すばらしい人生の学校がある。この研究に携わりたいと思っている人に、それを実感してもらえれば幸いである。

1

人類の歴史

一八五六年、ドイツのデュッセルドルフ近郊、ネアンデルタールと呼ばれる谷の洞窟で工事をしていた作業員が、頭蓋骨の一部と下肢の骨を発見した。ネアンデルタール人が大地の奥底から初めて姿を現した瞬間である。その骨は、およそ一〇万年前のものと推定された。

人類史の研究が始まったのがこんなに最近のことだとは信じられないかもしれない。しかし驚くべきことに、これは紛れもない事実である。誕生から四六億年を経たこの地球に、初めて人類が現れたのは少なくとも七〇〇万年前のことだ。しかし、私たちがその存在を知ったのは、ほんの一五〇年前に過ぎない。人類の叙事詩の最初のページが書かれてから、たかだか一世紀半しか経っていない。その一方で、人類の進化には多大な時間がかかっている。そこで、先史人類を研究対象とする古人類学者は、この一五〇年の間に（ほんの一瞬に等しい時間である）必死に時間をさかのぼった。祖先が日常的に目にしていた動植物を突き止め、古代の風景を再構成し、少しずつ人類の進化史の謎を解き明かしていった。新たな発見をすればするほど、人類の起源を求める研究は錯綜し、ヒトの定義に関する絶え間ない論争にさらされたが、それでも生まれたばかりの古人類学は、学者たちの情熱に後押しされて急速な進歩を遂げ、数多くの知識を蓄積していった。しかしこの知識も、明日になれば新たな発見により霞んでしまうに違いない。いまだ発掘の進んでいない地域があるうえ、現在では、衛星画像技術や分子生物学がどんどん進歩しているからだ。スキャナー画像技術の発展により、化石をコンピュータ上で三次元的に再構成することも可能になった。

今後も、人類史が年代記のように整然と解き明かされることはないだろう。古人類学の知識は、思わぬ発見により絶えず更新される可能性を秘めている。それにより、一部の学者が主張していた仮説に新たな光が当てられることもあれば、それまで多くの学者が認めていた学説が突然、疑問視されることもある。こうした発見を前もって予測することは困難だ。ましてや、一瞬にしてこれまでの知識の価値を変えてしまう〝予期せぬ科学上の事件〟を事前に予見することなどできるはずもない。そうした事件は、発掘作業を通じ、化石を発見することにより発生するものだからだ。一九世紀後半から二〇世紀に入り、数万年前のクロマニョン人から数百万年前のアウストラロピテクスまでが発見された事実を思い返してみてほしい。これらの大発見により、これまでの知識が確固たるものになり、新たな先史人類の発掘が進むなど、人類史解明に弾みがついたことは事実である。だが目下のところ、一八五六年以来、古人類学が打ち立てたさまざまな成果を、相互に関連づけるのは容易なことではない。

理想に合致する祖先を求めて

人類史の研究は、一世紀ものあいだ、ヨーロッパ大陸ばかりに注意が向けられていた。チンパンジーとヒトの最終共通祖先を求め、まずはアジアが、次にアフリカが主舞台《メインステージ》になったのは、五〇年あまり前からに過ぎない。最終共通祖先とはこの場合、チンパンジーとヒトが分岐する直前の祖先のことである。それではここで、現在ヒト科に属すると考えられている種が、人類の系統樹に組み込まれていった過程を振り返ってみることにしよう。

一八五六年にすべては始まる。先史人類ネアンデルタール人の初めての発見に、世界は仰天した。実は一九世紀前半、ベルギーの古生物学者シュメルリングが同様の化石を発掘していたのだが、大した反響を呼ばなかった。ところが一八五六年にネアンデルタール人の化石が発見されると、思想界、宗教界、学界を揺るがす大論争へと発展した。この時初めて、その化石が人類に属するものと正式に認められたからだ。その結果この古代の骨は、当時誰も考えつかなかった疑問を提示することになった。人類が神の生み出したものでないとすれば、どこから来たのだろうか?

ネアンデルタール人の存在は、創世記の物語と真っ向から対立するものだった。つまりその発見から、天地創造神話とは異なる、科学的思考が生まれたのだ。旧約聖書によれば、六〇〇〇年前、全能の神が六日のうちに、大地と海、昼を照らす太陽と夜を照らす星、大地を満たす動植物を生み出し、最後に自分の姿に似せて人間を形作ったという。キリスト教を信奉する西洋人は、はるか以前から最初の人間はアダムだと教えられてきた。とりわけカトリック教徒は、筋骨たくましい完璧な頭脳を備えた人間が、神の手から生み出されたのだとずっと信じてきた。ネアンデルタール人はそんな人々に、突然一〇万年もの昔から反証を突きつけたのだ。

これは重大な問題である。教皇庁科学アカデミーは、一九九六年になるまでダーウィンの進化論を認めようとしなかった。ヒトとサルが類縁関係にあることをカトリック教会が認めるまでに、一四〇年もかかったのだ。しかも教皇庁は、それでも人間は、地球上の生物の中でももっとも複雑にして、もっとも高度な有機組織をもつ存在であると宣言する配慮を忘れなかった。今日アメリカで〝インテリジェント・デザイン〟（生命や宇宙のシステムが、何らかの知性により設計されたとする説）を唱道する天地創造論の新たな信奉者たちもまた、巧妙にも進化論を単なる一仮説に過ぎないと主張している。

しかし一九世紀においても、進化論を信じる誠実な人々はいた。こうした人から見れば、ネアンデルタール人の発見は、イギリスの自然科学者チャールズ・ダーウィンが唱えた種の起源に関する学説を実証するものだった。ダーウィンは、ビーグル号に乗って世界を旅した経験から進化論を打ち立て、その学説に基づき、一八五九年に名著『種の起源』を著した。ネアンデルタール人の発見は、この進化論を裏づけるものだった。

とはいえ、ネアンデルタール人には、一九世紀の人間の目には致命的とも言える欠陥、克服しがたいマイナス要因があった。それは、見た目が醜いということだ。ずんぐりした体躯や短い手足はまだいいとしても、頭部に問題があった。眼窩の上には大きな隆起があり、帽子のつばのように目の上に張り出している。顔は長いが額は狭く、頬骨はない。あごは前に突き出ており、オトガイ（下顎の先端部）もない。頭蓋骨は縦につぶれた形をしているだけでなく、後頭部にシニョンと呼ばれるふくらみがあり、全体をいっそう醜く見せている。要するにネアンデルタール人の顔は、受け入れがたいほど前に突き出たあごなのだ。科学者は、少なくとも脳の容量は現代人と変わらないことを強調したが、それだけでは何の解決にもならなかった。原始的と見なされるこうした特徴のせいで、ネアンデルタール人の周囲にはひどい噂が広まった。ドイツの人類学者ウィルヒョーは、ネアンデルタール人の頭蓋骨と言われているものは、小頭症という病気にかかった人間のものだと述べた。トマス・ハクスリーはオーストラリア先住民の頭蓋骨だと言い、マイヤー教授はコサック兵の頭蓋骨だと主張した。しかし一八八六年、ベルギーのナミュール近郊にあるスピーの洞窟で、成人二体、子供一体の骨が発掘され、この論争に終止符が打たれた。これらの骨がネアンデルタール人の骨に似ていたことにより病気説が覆され、ホモ・ネアンデルターレンシスという先史人類の存在が証明されたのだ。

これを機に、理想に合致する祖先を探し求める調査が活発化した。一九世紀ヨーロッパのはつらつたる知的・文化的環境の中で、科学者たちは数々の調査に取り組み、北京原人やジャワ原人を発見した。しかし、どうしても現代人の顔形に似たヒトの化石は見つからなかった。当時の古人類学者の考えでは、人類の始祖がいるとしたならば、それはヨーロッパ人でしかあり得ないはずだった。知能が高いということは、祖先はイギリス人なのではないか？　すると一九一二年、古生物学に造詣の深い弁護士チャールズ・ドーソンが、サセックス州のピルトダウン近郊で、脊椎動物の化石や石器とともにヒト科の骨を発掘した。同時に採集された化石から、更新世前期から中期（二八〇万～一〇万年前）にさかのぼると推定される骨である。この発見は世間を安堵させた。というのも、新たに発見されたこの祖先は、ネアンデルタール人よりもよほど受け入れやすい顔形をしていたからだ。確かにオトガイはかなり引っ込んでいるが、頭蓋骨は現代人に似て大きく、かなりの脳容量をもっている。こうしてピルトダウン人は、堂々と人類の系統樹に加えられた。

やがて、骨のフッ素の含有量を測る分光測定技術が発達し、化石の正確な年代測定が可能になった。すると一九五〇年、ピルトダウン人にまつわる不正が発覚した。分析の結果、ピルトダウンで発掘されたヒトの頭蓋骨や顎骨は、同時に見つかったゾウやマストドンの化石と同時代のものではあり得ないことが証明されたのだ。原始ゾウの歯の化石はチュニジアの地層から、カバの歯の化石は地中海のある島から採取したものであり、いずれも意図的にピルトダウンに持ち込まれたものだった。すべては、頑迷なヨーロッパ中心主義者が企んだ嘆かわしい擬装である。ピルトダウン人というのは、実は現代人の頭蓋骨にオランウータンの顎骨を組み合わせただけのものだった。古く見せるため、歯には入念にヤスリがかけられ、頭蓋冠には巧妙にニスが塗られていたという。ピルトダウン人は、理想的な祖先像として作り上げられた偽物だったのだ。では首謀者は誰なのか？　今のところ犯人はわかっていない。おそらく今後も見つかることはないだろう。しかしこの捏造事件は、自分たちこそが世界の中心であり、宇宙の中心であると信じる白人の思い上がりを如実に示している。生命と大地の科学である古生物学が、このうぬぼれた考えに否を突きつけたのだ。この学問はその後も、西洋人のおごりを打ち砕き続けることになる。こうして、この捏造事件は新たな祖先を模索するきっかけとなり、新たな学説の出発点となった。

その結果、一九五〇年以降、もはや公的にはヨーロッパは人類の発祥地ではなくなった。実はその何十年も前から、ほかの大陸が人類の発祥地だと名乗りを上げていたのだが、当時は顧みられることがなかった。しかしピルトダウン人捏造事件のおかげで、こうしたほかの大陸が俄然、脚光を浴びるようになったのだ。人類の発祥地として最初に名乗りを上げたのは、はるか彼方、未知の大陸アジアである。アジアでは一八九一年、ピテカントロプス・エレクトス（ジャワ原人）が発見された。当時推測された生息年代は、二〇〇万〜一〇〇万年前である。これが人類の始祖であるという仮説は、受け入れられないものではなかった。実際二〇世紀に至るまで、一部の古生物学者は、説明できないものはアジアから来たと考えていた。それはなぜか？ 地球変動学によれば、ある時期にプレートの移動により北アメリカ大陸とヨーロッパ大陸が分かれ、北大西洋ができた。その結果、ヨーロッパ大陸にこれまで見られなかった動物がヨーロッパへと移動するためには、アジアを経由するしかなくなったからである。こうしてさまざまな種が、定期的に現れるベーリング地峡を通り、ヨーロッパに到着したのだと考えられた。一九六〇年代に至るまでの長きにわたり、アジアは生物多様性の重要な源と見なされていたのだ。一九七〇年代には、インド亜大陸（現在のパキスタン）で発見されたラマピテクスが人類の始祖だと考えられていたこともあった。しかし、ハーバード大学人類学部長デヴィッド・ピルビーム教授の研究により、ラマピテクスはシバピテクス（オランウータンと類縁関係にある属）のメスであることが証明されている。

人類の発祥地として、アジアに次いで名乗りを上げたのがアフリカである。一九二四年、南アフリカ・ヨハネスブルグにあるウィットウォータースランド大学医学部の若き解剖学教授だったレイモンド・ダートは、ふとしたことからある頭蓋骨を手に入れた。タウングの石灰岩採掘場の現場監督が見つけ、文鎮代わりに使っていたものである。ダートは一目で理解した。頭蓋骨の下部に大後頭孔がある。これは、この頭蓋骨が脊柱の上に乗っていたこと、すなわち二足歩行をしていたことを意味している。また、この頭蓋骨には、すでに現代人に近い歯が備わっていた。生息年代は三〇〇万〜二〇〇万年前と推定される。それ以来この頭蓋骨は〝タウング・チャイルド〟と呼ばれ、以後次々と発見されるアウストラロピテクス・アフリカヌスの、最初の代表的な化石標本となった。南アフリカの先史人類が、ジャワ原人から人類の始祖という称号を奪ったのである。

しかしダートは二五年もの間、タウング・チャイルドが先史人類であることを世界各国の学界に認めさせるために戦い続けなければならなかった。またしてもこの頭蓋骨が、世間一般が祖先に対して抱いているイメージと異なっていたからだ。それには、きわめて不利な特徴が二つあった。第一の特徴はとても小さかったことだ。現代人の平均的な脳容量が一四〇〇〜一五〇〇ccであるのに対し、この頭蓋骨の脳容量はおよそ五〇〇ccしかない。それに学名の問題もあった。アウストラロは〝南〟を、ピテクスは〝サル〟を意味する。創造行為や象徴的思考のできる人間をサルと同一視することなどできるだろうか？　第二の特徴は、この頭蓋骨がアフリカから出土したということだ。これは、先史人類であるかどうかを決める重要な手がかりなのではないか？　考える能力のある人間の発祥地が黒人の大陸だなどという考えを素直に受け入れることができるだろうか？　一九二四年当時にはまだ、このような〝予期せぬ科学上の事件〟を受け入れるだけの精神的下地ができていなかった。タウング・チャイルドが先史人類だと正式に認められたのは、それから二五年後の一九五〇年、ピルトダウン人捏造事件が発覚した後のことだった。

サルからヒトへ――直線的進化は是か非か

問題の核心にあるのは、人間の祖先はサルなのかということである。本書を執筆している二〇〇六年に至ってもなお、ヒトとサルが類縁関係にあると言うと怒りを覚える人がいる。その人たちにしてみれば、現代のヒト（ホモ・サピエンス）が遺伝的に類人猿のグループに属すると考えるのは、ホモ・サピエンスに対する侮辱だという。フランス語には「サルのように意地悪だ」「サルまね」「サルの銭で支払う（うまいことをいって支払わない意）」という慣用句がある。こうした表現が一般化しているということは、サルが劣っている証拠なのではないか？　しかし、事実は認めなければならない。この本を読んでいる人やこの本を書いている私が形態学的にヒトであるなら、遺伝的にサルと同類なのである。正確には、チンパンジーと兄弟関係にある。古人類学者はこの類縁関係を証明することによって、一部の人々の夢を壊してしまった。研究の結果、昔からヒトはヒトだったという美しい神話が証明されたとしたら、古人類学者の評判ももっと上がったことだろう。

それでも古生物学の大家たちは、長らくヒトの優位を主張してきた。たとえばテイヤール・ド・シャルダンは、進化は直線的に進むと考えた。シャルダンによれば、進化の最終的な目標はヒトであり、地球上の生命が必然的にヒトに進化していくように、事前にあらゆる条件が整えられていたのだという。中世から受け継がれてきたこの直線的な〝自然の階梯〟という考え方に従えば、種は進化するごとに、次第にヒトに近づいていく。しかしこれは、子供だましの誤ったイメージである。四足で歩いていたサルが徐々に二足だけで立つようになり、やがて肉体が変化し、体毛が抜け落ち、若く優雅で、三つ揃いのスーツを着たヒトになって進化を終える。こうした考え方には大いに満足できることだろう。人間は長い歴史の最終目標であり中心的存在であると考えているのだから。だが、こうした思考法は科学的でないばかりか、まったくの誤りでさえある。

一九世紀初め、自然科学者のジャン＝バプティスト・ラマルクは、時代の障壁を越え、〝自然の階梯〟を修正した、よりダイナミックな学説を提唱した。それによれば種は、進化するごとにさまざまな制約を乗り越えることができるようになり、新たな種が元の種にとって代わっていくのだという。しかしラマルクもまた、進化の最終目標はヒトだと考えていたようだ。

結局のところ科学者たちは、種がある定められた設計方針に従い、同一の進化方向へ向かって徐々に特徴を変えていくという考え方までは、たどり着くことができる。このように、万物がヒトへ集約していくような進化を定向進化という。しかしそこから、ヒトの先祖はサルであるとか、ヒトとサルは似ていると考えるまでには、多くの科学者が乗り越えられないほど大きな隔たりがある。そう考えることに激しい抵抗感があるのだ。

それを如実に証明しているのが、一八六三年に行われたトマス・ハクスリーとリチャード・オーエンとの論争である。ハクスリーは、ヒトとゴリラの相違はとるに足りないものだと主張した。一方オーエンは、ヒトとゴリラが解剖学的に類似していることは認めたものの、その類縁関係を認めようとはせず、ヒトの脳には魂の宿る場所があるはずだとして必死にその場所を探し求めたという。

それから一〇〇年後の一九五〇年代末、タンザニアのオルドバイ渓谷で、メアリ・リーキーとルイス・リーキーが頑丈型アウストラロピテクスの頭蓋骨を発見した。ルイス・リーキーはこれに、ジンジャントロプス（ジンジャントロプスは「東アフリカのヒト」）・ボイセイという学名をつけた（現在はパラントロプス）・ボイセイという学名をつけた（パラントロプスは「ヒトに近い」の意）。二〇〇万〜一五〇〇万年前の骨と推定される。しかし、驚くべき点はほかにあった。パラントロプス・ボイセイのそばに石器があったのだ。この発見は、それまで信じられてきた学説を粉々に打ち砕いた。その学説によれば、ものを作る能力、役に立つ道具を頭の中で構想する能力こそが、ホモ属をホモ属たらしめている特徴だった。リーキー夫妻が発見した頭蓋骨は、現代のヒトの頭蓋骨とは似ても似つかないものである。そのパラントロプスが、多くの道具を製作・使用していた。これは、ホモ属だけが思索能力をもっていたわけではないことを示す証拠となった。それから数年後にルイス・リーキーは、オルドバイ渓谷のさらに古い（一八〇万年前）地層でホモ・ハビリスの骨を発掘している。どうやら多くの学者は、本当にものを作る能力があったのはこちらのほうだと考えたがっているようだ。そう考えたほうが納得しやすいのだろう。

その後、リーキーの発案により、自然環境の中で生活する類人猿の観察が行われることになった。すると、チンパンジーを観察していたジェーン・グドールが、チンパンジーも道具を作ることを示す証拠を発見した。またフランス・ド・ヴァールによれば、チンパンジーの世界では、母親がそれぞれ独自の方法で道具の使い方を子に教えているという。つまり、チンパンジーは文化さえもつことができるということだ。

さらに、分子生物学が進歩して、遺伝的特性を記録したＤＮＡの二重らせん構造が明らかになると、それを通してダーウィンの予言が立証されるようになった。遺伝的に見て現代のヒトが、アフリカ類人猿、とりわけチンパンジーにきわめて近い存在だということは、紛れもない事実なのである。この事実に、ジークムント・フロイトの言う自尊心が傷つくかもしれないが。

たとえば、カリフォルニア大学バークレー校の研究者ヴィンセント・サリッチとアラン・ウィルソンが、アフリカ類人猿とヒトの血液型、染色体、ミトコンドリアDNAを比較する研究を行っている。その結果は、以後の科学的展望を大きく変えるものだった。チンパンジーとゴリラとヒトのDNA構造はきわめて類似しており、遺伝的に類縁関係があることは議論の余地がないという。テナガザル、オランウータン、ゴリラ、チンパンジー、ヒトは、同じヒト上科に属するのである。二〇〇三年に行われたヒトゲノムの解読によると、現代のヒトの遺伝子数は三万に満たないらしい。しかも、二〇〇五年に解読が行われたチンパンジーのゲノムと比較すると、およそ一パーセントの違いしかない。

こうして、一五〇年に及ぶ試行錯誤、論争、仮説提示の後に、ひとつの事実が明らかになった。ヒトとチンパンジーは共通の祖先をもっており、どちらもその祖先の特徴を共有しているということだ。その結果、問題はこの祖先の個体を見つけることに絞られた。つまり、その祖先がいつ、どこで生息していたか、いつヒトとチンパンジーの分岐が起きたのか（いつ人類が現れたのか）を突き止めることだ。それが私の研究対象である。

しかし確証はなかなか得られず、研究は困難を極め、さまざまな論争を呼んだ。ダートがタウングで発見した頭蓋骨も、ヒト科のものだと認められるまでに二五年かかっている。それと同じように、本書の中心テーマとなる〝トゥーマイ〟も、一部の頑迷な学者から〝古代のメスゴリラ〟呼ばわりされたが、科学的根拠があるわけではない。希望はまだある。もっと古い祖先が見つかってもおかしくはない。大地から発掘される化石は年々増えており、分析技術も次第に高度化している。こうした発掘物や技術が、ヒト起源の夜明けに向け、新たな手がかりをもたらしてくれることだろう。

最後の第一章

では、現在どこまでわかっているのか？　古生物学者は、どこまで時をさかのぼることができたのか？　そこで、世界中の学者が一五〇年間に、解明を試みてきた人類史の概略をごく簡単に紹介することにしよう。専門家から見れば、以下の説明だけではヒト科の歴史として不十分かもしれないが、ご容赦願いたい。しかし、現生人類から私の研究対象である最古の人類まで、さまざまな発見を大まかにでも把握できれば、古人類学界で何が問題となっているかがわかるのではないだろうか。また、美術館に並ぶ肖像画のようにヒトの祖先をざっと眺めることで、ネアンデルタール人が発見された一八五六年以来、古人類学者がたどった道程を理解できるに違いない。

それでは現在から出発し、ヒトの起源まで時間をさかのぼってみることにしよう。年代的にもっとも近い祖先は、現代人に非常に似ている。現代のヒトであるホモ・サピエンスが現れたのは、少なくとも二〇万年前である。現在知られている最古のホモ・サピエンスは、ティム・ホワイトの調査団がエチオピアで発見したヘルト人で、一六万五〇〇〇年前のものと推定される。しかし、もっとも有名なのは、フランスのドルドーニュ県レゼジーで発見されたクロマニョン人だろう。その容姿は現代人にきわめて近い。そのころ石器文化に革命が起き、行動範囲が拡大するに伴い、身体も現代的に変化していったのだろう。文化革命が身体の変化を加速したのである。

ホモ・サピエンスの化石は、現代人によく似ている。額は垂直で、下顎骨の正中はもはや引っ込んでおらず、こちらも垂直になっている。オトガイも十分に発達しており、顔面はフラット（正顎）で、頬骨が突き出ている。脳容量も現代人と変わらない。ただし背はいくぶん高く、一・六〜一・八五メートルあった。また、ナイフや小刀、きり、皮の衣服を縫うための骨製の針など、多種多様な道具を製作していた。石材を割り、きわめて鋭利な道具を作ることができたのだ。

それに、クロマニョン人には創造力があった。疑問に思うなら、フランス国土を色とりどりに飾るすばらしい洞窟壁画を見てみるといい。こうした洞窟には、自然の顔料を用い、内壁の起伏など気にせず描かれた絵画やレリーフが無数にある。描き手はおそらく、松明《たいまつ》の灯りにゆらめく影に、野生動物の群れの幻影を見たのだろう。

旧石器時代の発明家とも言うべきクロマニョン人は、新世界の征服にも乗り出した。ベーリング地峡を通り、アメリカ大陸までたどり着いたようだ。

紀元前八〇〇〇～五五〇〇年ごろに氷河期が終わった。地球全体が暖かくなり、氷河が解け、海水面が上昇すると、風景は一変した。それまで遠くアルプス山脈やピレネー山脈、中央高地から谷間へと氷河が流れていた平原は、森林にとって代わった。すると、毛の長い草食動物たちが次第に北上してきた。ホモ・サピエンスは農耕と牧畜を覚え、定住を始めた。次第に職業が分化し、平均寿命は二倍になった。

ところで、このホモ・サピエンスの祖先は何なのか？　それは、旧世界のどこにでも見られた狩猟採集民ホモ・エレクトスである。その典型的イメージを紹介しよう。体形は、現代のヒトよりも小柄でがっしりしており、頭部はごつごつしている。縦につぶれたような頭蓋骨は横幅が広く、八五〇～一二五〇ccほどの脳容量がある。額はかなり引っ込んでおり、眼窩上に大きな隆起があり、鼻の開口部はいくぶん広く、現代のヒトより頑丈な歯をしている。このようにホモ・エレクトスはやや突顎気味だが、それでもホモ・サピエンスと同じような冒険家だった。一八〇万年前に初めてアフリカ大陸を離れ、ヨーロッパや東南アジアに進出していった。その後、少なくとも五〇万年前ごろから火を使い始め、闇を照らし、冬の暖をとり、子供を養うことができるようになった。

ホモ・エレクトスは、ネアンデルタール人（ホモ・ネアンデルターレンシス）の祖先でもある。ネアンデルタール人は、ヨーロッパや中東に住み着き、ホモ・サピエンスと共存していたが、三万年前に絶滅してしまった。死体を埋葬する習慣があったため、墓所で完全に近い骨格がいくつも発見されている。生息年代はヨーロッパ全体が広大な氷床に覆われていた氷河期に当たり、マンモスやトナカイを巧みに狩って生活していた。

チューリッヒ大学のマルシア・ポンセ・デ・レオン博士とクリストフ・ゾリコファー教授は、幼児から成人までを含む一六体のネアンデルタール人の化石をコンピュータ上で三次元的に再構成し、その頭蓋骨とあごを二五体の現代人と比較した。すると、ネアンデルタール人とホモ・サピエンスは明らかに異なる種に属すると判断できるほど、両者の形態学的相違は大きかった。DNAの一部を比較・分析した調査でも、両者が大きく異なることが確認されている。

つまり、ネアンデルタール人は現代のヒトの祖先ではない。ホモ・サピエンスに進化したのは、おそらくホモ・エレクトスなのだろう。ネアンデルタール人に関しては、もうひとつ指摘しておきたいことがある。この事実にはきっと多くの現代人が驚くに違いない。それは、ネアンデルタール人とホモ・サピエンスが同じ地域に共存していたということだ。現在ヒト科はホモ・サピエンス一種だけだが、いつの時代もそうだったわけではない。ある時期には、一種だけでなく数種のヒト科が生息していたのである。たとえば、インドネシアのフローレス島でつい最近、きわめて小型のホモ属の新種、ホモ・フローレシエンシスが発見された（小型なのは島嶼化した結果だと思われる）。一万八〇〇〇年前ごろのものと推定され、その祖先であるホモ・エレクトスの特徴を数多く備えている。

古人類学者によれば、ホモ・エレクトスは、ホモ・サピエンスとネアンデルタール人に共通する祖先のようだ。この両者は数十万年前に、おそらくは気候の影響から分岐したものと思われる。ネアンデルタール人が突然絶滅した理由については、現在に至るまで謎に包まれたままだ。

このホモ・エレクトスは何から進化したのだろうか？　それは、最初のホモ属であるホモ・ハビリス（器用なヒトの意）からである。ホモ・ハビリスは一九六〇年、南アフリカのフィリップ・トバイアス教授とルイス・リーキーにより発見された。身体は華奢で、体重はせいぜい四〇キログラム程度、背丈は一・二～一・五メートルと小柄である。頭蓋骨は六〇〇ccほどの脳容量をもち、額の形成を予感させる形をしているが、顔はかなりの突顎である。

現在わかっている情報によれば、ホモ・ハビリスは二〇〇万年前ごろに生息しており、数種のヒト科と共存していたようだ。パラントロプス・ボイセイと同じオルドバイ渓谷で発見されているため、このパラントロプス・ボイセイとは共存関係にあったと考えられる。また、最初期のホモ・エレクトスとも時代的に重なっている。ホモ・ハビリスをアウストラロピテクス属に含める学者もいるが、いずれにせよ、これらのヒト科はみな二足歩行をしていた。

二足歩行が可能になると、手が自由になり、手と脳の働きが活性化される。実際ホモ・ハビリスは（おそらくは共存していたパラントロプスも）道具を作っていた。これは、デザインを構想する思考能力があったこと、手を自在に操る知能をもっていたことを証明している。

では、その前は？ ホモ・ハビリスの祖先はアウストラロピテクスだろう。最初に発掘されたアウストラロピテクス・アフリカヌスは、前述のとおり、ダートが一九二四年に南アフリカで発表したタウング・チャイルドである。それ以降、近縁関係にある数多くの種が、タンザニア、ケニア、エチオピアなどで発見されている。このように、発見されるのは常に、南アフリカか東アフリカ（大地溝帯の東側）である。

一九二四年以後に発掘されたアウストラロピテクス属の種の名前は、発掘場所やその種の際立った特徴を示しているものが多い。これらの種については、この一五〇年間に蓄積された豊富なデータのおかげで、この上なく貴重な情報がそろっている。中でもいちばん有名なのはアウストラロピテクス・アファレンシス（三六〇万～二九〇万年前）で、全身骨格が発見されて話題を呼んだ〝ルーシー〟（三二〇万年前）もこの仲間である。ケニアで見つかったアウストラロピテクス・アナメンシス（四二〇万～三九〇万年前）

は、アファレンシスの祖先と思われる。

過去数百万年の間に現れては消えたこれらのヒト科の特徴はどのようなものなのか？　アウストラロピテクス属に含まれる種は、いずれも共通した独特の解剖学的特徴を備えているが、それぞれに相違もある。しかし、いずれも二足歩行をしていたことは、四肢骨の分析により証明されている。また、タンザニアのラエトリには、火山灰に刻印されたアウストラロピテクスの足跡が残っており、そこからも二足歩行をしていたことがわかる。

アウストラロピテクスと類人猿との解剖学的相違は、きわめてはっきりしている。たとえば、犬歯は小さくより均整で、門歯のような形をしており、ほかの前歯と並んで垂直に生えている。この歯冠の低い門歯状の犬歯、それに後方にあまり傾斜しない項面（頭蓋骨の大後頭孔と後頭平面との間にある面）などが、現代のヒトと共通している（この項面の特徴は、二足歩行をしていたことを示唆している）。そのため、アウストラロピテクスが人類の系統樹に含まれることは議論の余地がない。

それでは、その前は？　現在私たちは、ヒトの進化史の第一章、あるいは少なくともその一部を解き明かそうと日夜努力している。私自身を含め、フランス＝チャド古人類学調査団（ＭＰＦＴ）のメンバーが、この第一章にかかわる新たな知識や仮説を提示しようと奮闘しているのだ。

私は、この数十年間ずっとこの第一章に心を奪われてきた。それは私の専門であると同時に、私の情熱の対象でもある。ヒトと類人猿はどのように分岐したのか？　ヒトと類人猿に共通する祖先、ヒトと類人猿とが異なる進化の道を歩み始めるきっかけとなり、そのどちらにも共通の痕跡を残した祖先とはどんな種なのか？　この古代の分岐点に始まり現代のヒトへと至る人類の系統樹はいかなるものなのか？　それを解明し、白日のもとにさらすのが私の望みである。

分子系統学によれば、ヒトと類人猿の分岐が起きたのは五〇〇万年前ごろだという。私の調査団が二〇〇一年に発見し〝トゥーマイ〟と名づけた個体はもう少し前、すなわち七〇〇万年以上前のものである。トゥーマイが最終共通祖先にきわめて近い存在だと確信しているのはそのためだ。

現在、世界中で広範囲にわたる研究が進められ、数多くの分野の研究者が、既知のデータ、経験、ノウハウを結集し、人類の過去を明らかにしようとしている。今では、物理学や遺伝学、地質学、古生物学が進歩したおかげで、一〇年前には思いも寄らない新たな手がかりが毎年のようにもたらされるようになった。また、多分野の専門家から成る国際調査団の発掘調査が何度も行われ、発掘される初期ヒト科はどんどん時代をさかのぼっている。しかし、なぜそこまで研究が行われているのか？それは、まだヒトの太古の歴史があまりにもあいまいだからだ。私が興味をもつ理由もそこにある。

古人類学者の仕事は、有史以前の歴史を記すことにある。こうした先史時代には、それを再構成するのに役立つ証言や神話もなければ、絵画や詩もない。あるのはただ、数百万年前の堆積岩に含まれる、化石化した動物の骨、ケイ化した木、花粉だけである。

私が四〇年以上もの間、自分のことを骨の探求者だと言っているのはそのためだ。それでは、私が先ごろ行った人類の起源、人類の夜明けに関する発掘の物語を始めよう。

2

―チャドにて

アベルとトゥーマイの発見

一九九五年一月、私たちは夜明けにンジャメナを発ち、北へ向かった。目的地は、見渡すかぎり砂丘の広がるジュラブ砂漠である。風の吹きすさぶ肌寒い早朝、夜明けの光に照らされ、ゆったりとうねる砂丘地帯が眼前に現れた。砂漠を知る者は、太陽がその場をオレンジ色に染める壮麗な瞬間を知っている。光と影がたゆたい、大海原の波のように無限に続く砂のうねりがくっきりと浮かび上がる。深い黄土色に、青みを増した空。夜明けの太陽はきわめて謙虚だ。東の地平線を離れるにつれ、次第に小さくなっていく。すると、それにつれて色彩のコントラストは限りなく変化していく。風景を楽しむなら今のうちだ。さまざまな色合いの青色や金色、褐色や赤茶色も、数時間後に太陽が天頂に達するころには、どぎつい白に圧倒されてしまうことだろう。私たちのキャラバンは、時にはこの砂丘の海にそびえる高い砂山を越え、時には地平線上のあらゆる視界を遮るくぼ地に入り込みながら進んだ。砂ぼこりが舞う中、ガイドのマハマットの合図だけが頼りだった。マハマットは一言も口をきくことなく、この広大無辺な無機質の砂漠の中を、GPS（グローバル ポジショニング システム）よりも優れた方向感覚で私たちを導いていった。行く手に存在するあらゆる自然の障害物を熟知しているのだ。一〇年後の今も、一九九五年一月に行ったこの砂漠横断行のことは鮮明に覚えている。私にとってそれは、ひとつの出発点だった。

その前年、私は初めてジュラブ砂漠南部を調査する機会を手に入れた。古生物学者になってもう三〇年以上になる。その間、研究のため数多くの大陸を訪れたが、年々蓄積されていく情報や知識からわかったのは、ヒトの歴史の謎を解く鍵はアフリカにあるということだった。それは古人類学界全体の総意でもあった。ただし、私が調査したかったのは、東アフリカではなく西アフリカである。当時の古人類学界において、そんな私に張り合おうとする研究チームはひとつもなかった。西アフリカはフランスと文化的・歴史的繋がりがあるため、フランス語圏の研究者の関心を引いてもよさそうだが、脊椎動物の化石を求める学者たちはいずれも、西アフリカにまったくと言っていいほど興味を示さなかった。この二五年間、どの国の古生物学者もみなアフリカ大陸東部ばかりに目を向けていたのである。古生物学界全体が西部を顧みず、東部や南部にばかり注目していたのには、それなりの理由がある。レイモンド・ダートが一九二五年、最初のアウストラロピテクスとなるタウング・チャイルドを南アフリカから発表して以来、アウストラロピテクス属の新種が、東部と南部合わせて七種も発掘されている。また、アフリカ大陸東部で発見されたヒト科の化石は、三〇〇〇以上にのぼる。つまりこの五〇年間に発掘された古いヒト科の化石のほとんどが、東アフリカもしくは南アフリカから出土しているのだ。そのため、当時の専門家はみな、そのどちらかで、ヒトとチンパンジーの最終共通祖先からヒトが分岐したに違いないと考えていた。つまり、どちらかが人類の発祥地である可能性が高いということだ。しかし、どちらなのか?

〝ルーシー〟の名で有名なアウストラロピテクス・アファレンシスが発見された一九七四年以来、人類の発祥地たる権利を主張していたのはエチオピアだった。華奢な体躯のメスであるルーシーの部分骨格は、かなりまとまった形で発見された。これが三二〇万年前のものと推定されたため、大地溝帯の東側が人類の発祥地だと考えられたのだ。

ルーシーの共同発見者であるイヴ・コパンは、そこからヒト起源に関する詩情あふれる壮麗な物語を導き出し、それを〝イーストサイド・ストーリー〟と名づけた。それによると、八〇〇万年前、大地溝帯が形成された時に、この巨大な断層の東側に著しい気候変動が生じた。降雨量が減るとともに熱帯雨林が少なくなり、木のまばらなサバンナが広がり、きわめて開放的な環境が生まれた。この開けた草原でルーシーは、遠くからでも身の危険を察知し、災厄を回避することができるように、二本足で立ち上がった。その結果、脊髄の通る頭蓋骨の大後頭孔が前寄りに移動し、垂直に伸びる脊柱の上に頭蓋骨が乗る体形になり、手が自由に使えるようになった。つまり、サバンナがヒトを生み出したというのである。ルーシーは、大きく変貌する環境に適応しようとする中で、チンパンジーとヒトの最終共通祖先からヒトが分岐する発端を作った。ルーシーこそ人類の始祖、人類の祖母なのだ。そうコパンは主張した。

アファール盆地の堆積層からルーシーが発掘されてからわずか数ヵ月後、別の調査団がさらに古いヒト科の歯を発見した。しかしこの事件は、コパンが提唱する古代のシナリオを根本的に否定するものではなかった。むしろその逆である。というのは、この歯が発見されたのもやはり東アフリカだったからだ。これまでどの国際調査団も、西アフリカで古代のヒト科を見つけたことはない。それこそ、人類が東アフリカで誕生した証拠だった。

そもそも、私の研究仲間でさえ同じ考え方をしていた。大地溝帯の西側はまだ雨量が豊富で、熱帯雨林が残っている。その森林の中では、ヒトと類縁関係にあるチンパンジーやゴリラが、現在に至るまで生息を続けている。だから、中央アフリカや西アフリカが人類の発祥地であるはずがないというのだ。

イーストサイド・ストーリーのシナリオは、古人類学者のみならずメディアをも引きつけ、この仮説を大衆に広めるうえで決定的な役割を果たした。そのため一九七〇年代末以降になると、誰もが東部にばかり目を向けた。こうした一極化は、一九九五年に〝アベル〟が発見されるまで続くことになる。

しかし科学的な見地に立てば、これまで化石が見つかっていないという理由だけで、ヒト科がいなかったと断言することはできない。私が西アフリカを選んだのはそのためである。この一〇年間広く認められている支配的な学説の逆を行ったのだ。古代のヒト科が大地溝帯の西側に生息していた可能性がないのなら、三〇〇万年以上前の堆積層がある地域を調査し、ヒト科がいなかったことを科学的に証明する必要がある。私のアプローチが、これまでの学説を追認することになるのか否定することになるのかはわからない。大地溝帯の西側で古代のヒト科の化石を発見できれば、イーストサイド・ストーリーは修正もしくは破棄を余儀なくされるだろう。逆に発見できなければ、この古代のシナリオは確固たるものになる。しかし、いったいどこを探せばいいのだろう？　アフリカ大陸には、ほとんどの堆積層がまだ手つかずのまま残っている。これまでに発掘調査を行ったのは、調査対象となる土地全体のわずか四パーセントに過ぎない。こうした状況では、客観的なデータに基づいて調査地を特定することが重要になるが、そんなデータがあるわけでもない。ただし、イーストサイド・ストーリーを提唱したコパン自身が、一九六〇年代にチャドの堆積盆地でヒト科の化石を発掘している。その事実から私は、現実はイーストサイド・ストーリーほど単純ではないのではないかと考えていた。

こうして一九八四年、私はコパンの同意と支援を得て西アフリカの調査に出発した。この時は手始めに、研究仲間でもあり友人でもあるハーバード大学名誉教授デヴィッド・ピルビームとともに、カメルーンに向かった。そして一九九四年一月になってようやく、チャドのジュラブ砂漠における第一次地質学・古生物学調査を計画するに至ったのである。チャドでの調査が遅れたのは、北緯一六度線をめぐるチャドとリビアの紛争が終わらなければ、通行許可証や発掘許可証を手に入れることができなかったからだ。

この一九九四年の調査により、私はチャド北部のジュラブ砂漠を初めて踏査することができた。調査隊はそこで、三五〇〇万〜三〇〇〇万年前の動物の化石を発見したが、私の科学的アプローチの鍵となるヒト科の痕跡はまったく見つからなかった。砂漠の北部にも、同時代の堆積層が露出しているところがあるだろうか？　ヒト科を発見し、奇跡を起こすことができるだろうか？　自分の研究に好都合な場所を見つけたければ、自分で探すほかない。そこで一九九五年の第二次発掘調査は、ジュラブ砂漠の北部で行った。調査計画も調査方法も手探り状態だった。当時はただ、あちこちの区域を確認することで、堆積盆地の中で自分の研究にもっとも適した場所、つまり、三〇〇万年以上前の地層がある場所を推測するしかなかった。

砂漠の北部は、あらゆる調査候補地の中でも調査してみる価値の高い場所だった。三〇年前にコパンが、北部にあるアンガマの断崖のふもとのヤヨ地区で、比較的新しい時代のヒト科、チャダントロプス・ウクソリスを発見していたからだ。実際にその辺りは、地質学的に見てもきわめて好都合な場所だった。地殻の変動により、砂漠の真っただ中に、周囲を見下ろす高さおよそ三〇メートルもの断崖がそそり立っているのだ。この断崖は風に浸食されて峡谷となり、ありがたいことに堆積層の美しい断面を見せていた。ここなら、化石のありそうな地層があれば容易にわかる。もしかしたらそこに、古代のヒト科が眠っているかもしれない。

気候の関係で、チャド北部の砂漠地帯で発掘調査が可能な時期は限られている。調査ができるのは一〇月から二月の間だけである（その間でも、時折強風が吹き荒れることがある）。その前は雨季で、未舗装の道は四輪駆動の自動車でも通行が困難なほどぬかるんでしまう。その上、気温がしばしば四五度を超え、耐え難いほど激しい砂嵐が発生する。生活するだけでも大変なのに、効率的かつ生産的な発掘調査などとてもできたものではない。

そのため一九九五年の調査の際には、乾季の一月にジュラブ砂漠北部へ向かった。ジープに乗って旅をすること二日、私たちはクバ・オランガに到着した。ここからファヤまでは水を補給できる場所がなく、あるのは無限の砂だけだ。クバ・オランガは、前年来ガイドとして調査に協力してくれているマハマット・ウェディの村だ。好奇心いっぱいの子供たちがジープを取り囲む。鋭い目をした老人が、最後の荷物の詰め込みを眺めている。やがて三台の車から成る調査隊はクバ・オランガを後にした。ゆっくりできるのもこれが最後だったが、そんなことなど知る由もない。

旅を始めて四日、ようやくファヤが近づいてきた。夜にこのオアシスに近づくのは危険だ。一九八〇〜一九八八年にかけてチャドとリビアは交戦状態にあり、当時はファヤも戦場と化していた。そのため、現在でも付近一帯に地雷が敷設されたままになっているからだ。残念ながら、紛争中に敷設された地雷の正確な場所については、私の知るかぎりどんな地図にも載っていない。

そこで調査隊は、三台がぴったり寄り添い、一台の車が通ったわだちをほかの二台がなぞるような形で、オアシスまで進んでいった。そこは休憩地にふさわしい場所だった。砂漠の真っただ中に、掘り抜き井戸から水が勢いよく噴き出し、その水が水路を伝ってあちこちに流れ、ヤシの林を潤している。この上なく美しいオアシスだ。そこで私たちは、兵士の一団に紳士的に迎えられた。フランスの軍事支援作戦（ＭＡＭ）に従い、交代でこの地を守っている外人部隊の兵士や海軍の兵隊たちだ。いつも私は、彼らに感嘆の念を抱かずにはいられない。兵士たちは、訓練によって視線だけで理解し合えるほど鍛え込まれ、いつも先頭を歩く指揮官に率いられて（だから上級将校は負傷したり死亡したりする確率が高い）最悪の状況に直面させられ、もはや戦場や激しい戦闘に慣れてしまっている。それなのに、こんな私たちにきわめて細やかな心遣いを見せ、真心のこもった十分過ぎるほどのもてなしをしてくれるのだ。兵士たちは不当な悪評に悩まされているようだが、私の経験から判断するかぎり、そのような評判が本当だとは到底思えない。その晩も兵士たちのもてなしぶりに変わりはなく、ゆっくり休息できるようにと総司令官ミシェル・クルエール将軍の宿泊所を提供してくれた。以来将軍は、私の大切な友人となった。

それからも私たちの旅は続いた。

五日目には、断崖までもう少しのところまでやって来た。私たちは数時間、細かい石が敷き詰められたように堆積した場所を走った。ここは、十分に空気を入れたタイヤでなければ走行できないほどの難所だ。この行く手を阻む小石の平原の真ん中に、この旅程最後のオアシス、インガラカがある。ここも、荒涼たる風景の中に忘れられた、驚くほど優美で穏やかな生命の小楽園だった。白いトキが飛び交う小さな湖には、ヤシの木と砂丘のうねりが映っている。

それからは、砂の海の中、砂ぼこりに視界を奪われないように十分な車間をとって進んだ。あちこちに、風に削られた岩がクジラの背のように砂丘から顔を見せているからだ。こうして私たちは、ようやく断崖の辺りにたどり着いた。しかしその途端、真っ黒な雲が空を覆い始めた。黙示録の空のようだ。豪雨になるに違いない。この地では、雨は常に恵みの雨である。この奇跡に私は、サヘルと呼ばれるこの辺り一帯が数千年前は雨の多い地域で、いくつもの河川、湖、湿地、サバンナ、森林に覆われていたことを思い出した。砂はそれを覚えている。草の茎が再び砂の層を突き破り、砂漠が緑に覆われるには、多少のにわか雨があれば十分なのだ。

ところが、やって来たのはそんな雨ではなく嵐だった。マハマットはずいぶん前から嵐が来るのを予感していたようだ。空気がひんやりとし、砂が薄い膜状になって渦を巻き、発泡性錠剤から噴き出す泡のように躍りだした。やがて風が徐々に強さを増し、息の長い風がごうごうと吹き始める。吹きさらしのこの地域では、いったん嵐になると、ものすごい暴風に見舞われるおそれがある。実際、一九九五年一月のこの嵐は、私が経験した中でも最悪だった。調査対象となっている峡谷の狭い溝の底まで、途方もない力をもった風が吹き込み、辺りのものを吹き払い、まるで粒子加速器のように揺り動かしていった。私たちは一週間も、この風に、あるいは密閉した魔法瓶にまで入り込んでくる砂に立ち向かいながら、どうにかこうにか調査を進めた。その間、テントに身を隠すこともできないまま、嵐の中で過ごしたのだ。テントなど張っても、すぐに突風でぼろぼろになってしまったことだろう。夜は夜で、ジープの周りに砂岩の小石を積み上げて壁を作り、車の下に潜り込んで睡眠をとった。しかしそんな苦労にもかかわらず、何も見つからなかった。見つかったのは、たかだか数万年前の化石だけだ。

あまりにも天候が悪すぎた。もはやその場にいることさえできない。一週間にわたる自然の猛威との格闘の末、私たちは疲れ果ててしまった。結局私はその場をあきらめ、一九九四年に発掘を行ったコロ・トロまで戻ることにした。南下する際、私たちは断崖の上を通っていった。断崖から離れてさえいれば比較的進みやすかったからだ。すると、砂ぼこりの中、化石が転がっているのが見えた。よく調べてみると、レイヨウやカバ、ゾウの化石がある。しかしそれもぬか喜びに過ぎなかった。それらの化石もまた、比較的新しい年代のものだったのだ。簡易測定によれば、せいぜい数十万年前のものらしい。

私はこの時、苦い失望を味わい、疲労と睡眠不足を抱えながらも、ある確信に至った。ジュラブ砂漠北部で古代のヒト科を発見する可能性よりも、南部で発見する可能性のほうが高いのではないか。この確信を得たという意味では、この調査も無駄ではなかった。

南下するにつれ、風は次第に弱まっていった。しかしこの嵐で、風景はすっかり変わってしまっていた。嵐は、砂丘を数十メートルも移動させ、砂山を雪崩のように吹き崩し、新たな砂山を生み出していた。私たちは、優れない視界の中をゆっくりと進んだ。すると突然タイヤの下の地面がなくなり、ジープが宙に投げ出された。ジープは無事に着地したが、その時何か不吉な音がした。しかし、化石を入れたケースが地面に投げ出され、化石が四方八方に散らばってしまっただけで、車は運よく無事だった。こんな砂漠の中で車が故障してしまったら一巻の終わりだっただろう。車は、水や食料とともに、私たちの命運を握るもっとも貴重な財産なのだ。風と砂ぼこりに悩まされながらも、回収できる化石を拾い、しっかりとくるみ直すと、私たちはさらに南下を続けた。

こうして、昨年発掘を行った場所の近くまで戻ってくると、早速作業にとりかかった。すると夕方近く、メンバーの一人が何やら大仰に手を振り回し始めた。測量関係の技術協力アシスタントで、調査隊の物資を管理していた男である。その男が示す場所に駆けつけてみると、先日の嵐で辺りを覆っていた砂が部分的に吹き払われ、固い砂岩が幅広く露出している。そこに、化石を含む巨大な地層が広がっていた。優に三〇ヘクタールはある化石層が、砂原から姿を見せていたのである。嵐などのさまざまな困難に直面し、辛い日々を送ってきた私たちが、この発見にどれほど興奮したか想像してみてほしい。かなりの量のアドレナリンが分泌されたに違いない。

しかし、古生物学調査団の責任者にとってはここが正念場である。化石を発掘する者の中には、これほどの規模の化石層にぶつかると、まるで復活祭の日に、広い庭にばらまかれた卵型のチョコレート菓子を拾い集める子供のように振る舞う者がいる。しかしそんなことを許せば、いくつかの簡単な決まりさえおろそかになり、収拾がつかなくなってしまうおそれがある。こういう場合にはまず、GPSを利用し、化石が発掘された場所を正確に記録できるように、地面を碁盤状に区分けしなければならない。そうしておいて初めて、各マス目の化石を収集できるのだ。明確に区分けされていれば、後日化石を比較することも可能になる。異なる発掘地点を比べ、それらが同じ地層に属するかどうかを判断することもできる。正確な出所がわからない化石、発掘された堆積層がわからない化石には、学術的価値はまったくない。もはや地質学的にどこに分類すべきか判断できないからだ。そう考えると、無知な化石コレクターほど科学にとって有害な存在はないと言える。こうしたコレクターは、人類の過去の断片を個人的に心ゆくまで楽しむためには、手段を選ばない。その結果、そこに含まれる学術的・歴史的真実を永久に封じてしまう可能性があるのだ。

この新たな調査地は、財宝を埋蔵しているのだろうか？　またしても失望を味わうことになるのか？　それを確かめるため、私たちはその土地を、砂を詰めた瓶で短冊状に区分けした。そして、ガイドのマハマットや途中で拾った遊牧民の男を含め、調査隊のメンバー一人ひとりが、区切った区画をそれぞれ担当することにした。担当の区画をくまなく調査するまでは、決してそこから出てはならないのだ。たとえそこから一〇メートル先に見事なゾウの顎骨があったとしても。

やがて夜になった。しかしこの発掘現場は、もっと時間をかけて調査するだけの価値がある。夕方近くから見つけた化石を見れば、ここが数百万年前の地層であることは明らかだ。私たちは野営することにした。夜は長く、野営は大変だった。嵐は弱まっていたが、完全に止んだわけではなかったからだ。

ところで、その辺りの砂漠には人が住んでいた。妻や子供を連れた集団が、ラクダの群れとともに絶えず移動しながら生活しているのだ。そんな十数名の遊牧民が、雲の厚く垂れ込めた寒い夜明けに、野営地を訪ねてきた。最初に近づいてくるのはいつも男である。まず、贈り物を交換し合った。私たちからは紅茶と砂糖、遊牧民からはラクダの乳である。やがて、火の周りでたわいもないおしゃべりが始まった。相手をしたのは、地質・鉱山研究センター（CRGM）の地質技術者アリ・ムタイェ、それにガイドのマハマット・ウェディである。遊牧民は、私たちがどうしてこんなところにいるのかと尋ねた。そこでマハマットは、自分たちはゾウの頭蓋骨の化石など古い骨をたくさん探しているのだと説明した。しかし、そうは説明しても相手が納得していないことは、目つきを見ればわかる。ジープやGPSなど貴重な宝を所有している白人が、わざわざ砂漠にまで来て、どうして骨を探すようなことをするのだろうか？　アフリカでは、白ひげは老賢者のシンボルである。そんな白ひげを生やしたいい大人が、こんな幼稚な遊びに興味をもつことなどあり得るだろうか？　それでも、別れ際には丁寧な挨拶が交わされた。女たちがアラーの加護を祈ると、遊牧民は去っていった。

新たな化石層を見つけると、古生物学者はまずそれに名前をつける。地図上に記されたその辺りの通称から名前を拝借し、さらにGPSで正確な緯度と経度を補完するのである（かつて井戸があったところには、たいてい地図上に名前が記されている）。同じ地区で複数の発掘地点が発見された場合には、名前に番号を付して区別する。きわめて化石の多い地区など、発掘地点が数百ヵ所に及ぶところもある。こうした区別を行うのは、発掘調査が終わった後、各地点から出土した化石を比較・対照し、年代の一致・不一致や地層のズレを判断できるようにするためだ。ンジャメナの国立研究支援センター（CNAR）資料部に送られた化石は、化石収蔵庫の巨大なテーブルの上に並べられた後、下処理、付着物の除去、継ぎ直し、組み合わせ、補強などに回される。その際、それぞれの化石標本がどの地点から出土したものかがわかることが絶対条件となる。さもなければ、発掘地点の動物相を再構成することができなくなってしまう。

一九九五年一月二三日午前九時、私たちは、私が前夜KT12と命名した発掘地点の調査を再開した（KT12とはコロ・トロの一二番目の意。コロ・トロとはそこからいちばん近い村の名前）。まず、調査隊を二つのグループに分けた。地元の者のグループと科学者のグループが、それぞれ割り当てられた区画を受け持つのである。視線は再び大地に釘づけとなった。マハマット、アリとその運転手、遊牧民の男は、見つけた骨が重要なものかどうか確かめるため、始終私を呼びつけた。そちらのグループの学者は私だけだったからだ。化石の発掘は、キノコ狩りに似ていなくもない。キノコ狩りの場合も、見つけたキノコが毒キノコかどうかを見分けられなければならない。やがて、アリの運転手であるトルマルタがあごの骨を見つけた。それを見た瞬間、私ははっとした。一九二四年にレイモンド・ダートがタウング・チャイルドを見た時と同じように、そのあごが古代のヒト科のものであることが一目でわかったのだ。小さな犬歯が動かぬ証拠である。この現場から発掘された哺乳類の進化の程度から判断するかぎり、数百万年前のヒトの骨であることは間違いない。それは、歯や頑丈そうなあごを見ても明らかである。しかしその場には、この信じられない発見の意味を十分に理解できる者は一人もいなかった。いまだによく覚えているが、私はこの瞬間、何とも名状しがたい感情に満たされた。ホモ・サピエンスというものは、科学的探究心に劣らず力強い人間的感情をもっているものだ。私はついに、二〇年来探していたものを見つけたのである。アフガニスタンやカメルーン、チャドで根気よく執拗な調査を続けてきた過去が走馬灯のように蘇り、胸がいっぱいになった。

この二〇年余りの間、ともに旅をする仲間はしょっちゅう変わり、調査隊は再編成を繰り返した。今回連れてきたのも、最近になって手を組んだ協力者たちばかりだ。彼らはきっと、そんな化石ぐらい簡単に見つかるものと思い込んでいたに違いない。ちょっとした幸運さえあれば十分だと信じていたことだろう。しかし本当にそう思っていたとしたら大変な間違いである。この仕事に偶然などない。あるのはただ、綿密に考え抜かれたアプローチだけだ。そのアプローチを通してひとつひとつ手がかりを集めることで、新たな推論を生み出し、あたかも物語の次章を紡ぐかのように、新たな方針を採用することができるのである。こうした手がかりを集める作業において、調査隊のメンバーは、それぞれの知識や経験、疑問を提供することで調査に貢献している。成功をもたらすのは常にチームであり、決して個人ではない。科学とは団体戦であり、リーダーを含め、各メンバーに存在意義と役割があることを忘れてはならない。

私は後日、この下顎骨を〝アベル〟と名づけた。その時には誰にも話さなかったが、とても親しくしていた友人の名前からとったのである。友人とは、私の研究に協力してくれたポワチエ大学の地質学教授アベル・ブリヤンソーのことだ。ブリヤンソーはかつて、西アフリカ方面の調査を行うわがチームの一員だった。先のカメルーンでの発掘調査の際には、さまざまな知識を提供し、調査に貢献してくれた。彼がいなければ、こうしてコロ・トロまで来ることもなかったかもしれない。私たちがヒトの起源について、固定観念にとらわれない広い視野をもつことができたのは、この男のおかげである。しかし残念なことに、一九八九年に行ったカメルーンでの発掘調査の際、ブリヤンソーは薬剤耐性マラリアに感染し、突発的な発作を起こして命を落としてしまった。その死を悼む一部の人々から、私は非難された。西アフリカでヒト科の化石など発見できる見込みもないのに無駄な調査を行い、調査隊を危険にさらしたというのである。ブリヤンソーの悲劇的な死に直面し、深い悲しみと、この世の不公平に対する激しい憤りを感じた私は、心にいつまでも消えない傷を負った。どうして私でなく彼なのか？　ブリヤンソーには家族がいた。妻も子もあった。私は調査をあきらめようかと思った。しかし私は、孤独感を抱きつつ再び出発したのだった。ブリヤンソーがこの発見の瞬間を分かち合えたとしたら、きっと大喜びするに違いない。私は、いつまでも親友であるこの研究仲間のことを決して忘れないだろう。そんな彼に敬意を表するとともに、ブリヤンソーの名を人類史の中に刻み、その思い出を風化させないために、私はこの化石を〝アベル〟と名づけた。こうして、ブリヤンソーの調査が無駄ではなかったことを証明したかったのである。

だが、この下顎骨に繋がる骨はなかった。歯は堆積物の中に埋まっており、あごの下端が露出しているだけだったのだ。露出した部分は、すでに風の浸食をかなり受けている。あと数ヵ月遅ければ、跡形もなく風に削られてしまい、もはやこのヒト科の化石を手に入れることはできなかっただろう。アベルにはKT12－95－H1という標本番号が与えられた。私たちは残りの骨を探そうと、必死に、かつ注意深く周囲を探したが何の成果もなかった。一九九五年一月二三日、発掘現場をくまなく調査した私たちは、荷物を片づけ始めた。調査は終わろうとしていた。天候が急速に悪化しそうだったからだ。来年になったら再びこの現場に戻り、アベルの仲間を探し、その生活環境の復元を試みるつもりだった。アベルが何者か知りたいのであれば欠かせないアプローチである。下顎骨は丁寧に梱包した。これから、何時間、何日、何週間とかけてクリーニングを行い、砂をふるいにかけなければならない。当時私の博士課程のクラスの学生だったフランク・ギーが、砂の中から同じ種の上顎小臼歯を発見したのは、翌年のことである。

私は、あまりにも長い間この調査にかかりきりだった。その結果発掘したのは、きわめて大きな影響をもたらす可能性がある化石だった（数週間あるいは数ヵ月間分析しなければ確かなことは言えないが）。そう考えると私は、どこかで何か間違いを犯しているのではないかと不安になった。もしかしたら、自分の願望が強すぎるあまり、幻でも見ているのではないだろうか？　私は何度もケースから下顎骨を取り出しては確かめた。帰る道すがら、化石がしまってあるジープのグローブボックスを何度開けたことだろう。正確な回数は覚えていないが、繰り返し開けたことは間違いない。最初の夜には、寝床から起き出してアベルを入念に調べ、賛嘆の声を上げたものだ。アベルはどんなタイプのヒト科なのだろう？

何歳ぐらいなのか？　東アフリカで発見されたヒト科とはどんな関係にあるのか？　これで人類の発祥地はかなり広がることになり、ヒトとチンパンジーが分岐した理由もわからなくなることだろう。実際、この〝予期せぬ科学上の事件〟、学界が予想さえしていなかったこの発見は、新たな問題を提起することになった。アベルが発見される以前、学界は、ヒトの起源に関する疑問に答えを出していた。しかしアベルが発見されて以来、答えのない疑問がいくつも提示されている。それが科学というものである。ひとつの発見が新たな疑問を生み出す。それが前進するための代償なのだ。

マハマットの村であるクバ・オランガへ向かう途中、私たちは新たな発掘地点を見つけた。これは後に、KT13と命名される場所である。KT12よりずっと広く、一〇〇ヘクタール近く化石層が広がっている。翌年にはこのKT13から、またしても古代のヒト科の骨を発掘することになる。現在コロ・トロには数十もの発掘地点があり、三〇〇万年以上前の動植物やヒト科の化石が五〇〇〇個以上出土している。コロ・トロの化石産出地域全体が、広大なアウストラロピテクス発掘地として、きわめて大きな可能性を秘めていると言える。MPFTの若き研究者たちが今後数年をかけて調査を行い、人類史の解明を進めてくれることだろう。

いち早くアベル発見の報を受けたのは、ムソロに駐屯するカステルノーダリ第四外人部隊のフランス軍兵士たちだった。二番目にチャド政府、次いで私の年老いた母、友人のデヴィッド・ピルビーム、イヴ・コパンがこの知らせを受け取った。母や友人には衛星電話でこう伝えた。「ひとつ見つけたよ」ピルビームはこの発見を喜んでくれた。コパンは私の言うことを信じようとしなかった。見間違えているだけで、古代のヒト科の骨ではないと思ったようだ。母は私よりはるかに興奮しているようで、こんな言葉を返してきた。「やっと終わった。もう調査に出かけなくていいのね！」

チャドにとっても、アベルは喜びであり大きな誇りであった。これまでチャドといえば、グクーニ・ウェディとイッセン・ハブレが相争う内戦や、砂漠を舞台にしたリビアとの紛争ばかりがクローズアップされてきた。そんな国が、全世界の学者がこれまで支持してきた学説をひっくり返し、突如として歴史の仲間入りを果たしたのだ。こうしてチャドは、人類の発祥地の数少ない候補地のひとつとなった。しかも、きわめて信憑性の高い候補地である。今やこの国にとって人類の起源の物語は、サッカーのワールドカップよりもはるかに国家的価値の高いものとなった。チャドの大統領も市井の人々も、世界に誇るべき偉大な物語を手に入れたのである。

アベルの発見により、フランスとチャドの間で協力協定が結ばれ、フランス＝チャド古人類学調査団（ＭＰＦＴ）が結成された。これにより、ジュラブ砂漠で発見された化石標本はいずれも、国を挙げて詳細な調査が行われることになった。人類の歴史を証明するこれらの化石は、チャドの文化遺産であるだけでなく、人類全体の遺産でもあるからだ。この協定ではほかにも、学術的研究、教育、収集品の保存にかかわる取り決めがなされている。その結果、チャド最初の古生物学者はポワチエ大学から生まれた。たとえばマカイェ・ハッサン・タイソは、ゾウの化石に関する論文を提出して理学博士となった。翌年にはリキウス・アンドッサが、中新世および鮮新世のサイ科、ラクダ科、キリン科の動物に関する論文を提出し、こちらも博士号を取得している。次いで、チャドの高等教育・研究省の肝いりで、ンジャメナ大学に古生物学教育研究学部が新設された。学部長はマカイェ、副学部長はリキウスである。また、ンジャメナのＣＮＡＲに古生物学標本資料部が設けられ、ババ・マラー・エル・ハジ博士が部長を務めることになった。ＣＮＡＲで助手を務めていたファノネ・ゴンディべもポワチエ大学で教育を受け、この部局の責任者となっている。最近ではアフンタ・ジムドゥマルバイェがポワチエ大学で修士号を、ストラスブール大学でコミュニケーション科学の高等専門研究免状を取得し、チャド最初の科学行政幹旋官として活躍している。現在も私の研究室で、ＣＮＡＲの技官マハマット・アドゥムが、化石の複製や現生動物の骨の標本作成に関する教育を受けているところだ。こうした教育はいずれも、ンジャメナにあるフランス大使館文化活動協力課（ＳＣＡＣ）の奨学金によるものである。

フランス=チャド古人類学調査団のプロジェクトが成功したのも、CNARやSCACの絶え間ない支援によるところが大きい。

要するにチャドが、化石の保存や研究、研究者への応対、知識の普及を独力で行えるように、あらゆるインフラが整備されたのである。知識の普及については、科学専門誌への論文発表ばかりでなく、チャド国立自然科学博物館やテレビやラジオを通じ、一般大衆への普及も目指している（自然科学博物館ではそのためのプロジェクトが進行中である）。こうして今では、なかなか化石の存在を信じようとしないチャドの人々に、テレビを通して私たちの発見したゾウやカバの歯を紹介できるようになった。確かに、何キロメートルも砂漠が広がるだけの、わずかな雨さえ感謝したくなるような不毛地帯が、かつては多くの動植物に彩られた湖だったとは、なかなか想像できないだろう。最近では現地の人々の技量も熟達し、発見される化石のかけらのほとんどを国内で研究できるほどになった。実際ンジャメナには、脊椎動物の化石が一万五〇〇〇点以上も保管されている。スキャナーにかけるなど、さらに詳細な分析を行うため海外へ持ち出されるものは、発掘された化石の五パーセント以下に過ぎない。アベルもそのひとつである。

というのは、アベルが新たな歴史の始まりを告げるものだったからだ。私は、イーストサイド・ストーリーを確認するために調査を行い、アベルを発見した。だがそれも、学界に受け入れられなければば、新たな道、これまでにない新たな展望を開くことはできない。ジュラブ砂漠がきわめて大きな可能性を秘めていることは間違いない。そこからさらに古代のヒト科の化石を発掘することができるはずだ。しかし、チームが調査を継続するには、まずこの発見を学界に認めてもらわなければならない。そのため、アベルを詳細に調べ上げる必要があったのだ。

アベルの発見によって私の調査団の様相はがらりと変わった。人員が増強され、MPFTが組織されたのだ。MPFTは多分野の専門家による国際的な調査団で、一〇ヵ国から六〇人以上の研究者が参加している。こうして私の役割は、五人に満たない仲間とともに働く現場作業者から、科学団体の管理者へと変わった。

調査団は当初の予定どおり、調査や発掘に邁進した。一九九七年一月の発掘調査では、アベルより古い化石層の調査が行われ、類いまれな成果をもたらした。

私たちは途中クバ・オランガに立ち寄り、再びマハマットをガイドに雇った。フランス政府もチャド政府も援助や支援を惜しまなかった。たとえばその年は、フランス国防省の許可のもと、ンジャメナで〝ハイタカ〟作戦に従事しているカルカソンヌ第三海兵隊空挺部隊が物流支援をしてくれることになった。三〇名ほどの人員と数台のトラックで、物資の一部をベースキャンプに運んでくれたのだ。軍用テント四つ、水六〇〇〇リットル、軽油五〇〇〇リットルである。これだけあれば、世界から弧絶した場所でも二ヵ月は暮らせるだろう。調査団には旧友のデヴィッド・ピルビームも同行した。ピルビームは、コッソム・ブグディ（KB）と呼ばれるこの新たな化石層を見て茫然とした。東アフリカによく見られるように化石が集中的に存在するのではなく、広い範囲に散乱していたからだ。このような調査地の場合、ヒト科の化石を発見する可能性がないわけではないが、砂漠という劣悪な環境もあり、その可能性はきわめて低いと言わざるを得ない。

私たちは、フランスを出て五日後には作業を始めていた。調査団のメンバーは、まるで障害物通過訓練を行う歩兵大隊のように、横一列に並び、足元に目を据えて前へ進んでいった。やがて椎骨一個と大きな脊柱が見つかった。ナイルパーチの椎骨と巨大なナマズの脊柱である。それらが生息していた末無し川（下流が地中に消えている川）が干からび、身動きがとれなくなったまま、泥に守られ、ほかの動物に捕食されることもなく、化石化への長い道のりをたどっていったのだろう。そして、堆積物に何世紀も覆われているうちに、骨の硬い部分が石化したのだ。魚の化石が見つかること自体は悪いことではない。しかしそれは、アベルの生活環境、アベルの食習慣、アベルとほかの哺乳類との関係について何も教えてくれない。それを知るには、哺乳類の化石、つまり陸上に生息していた動物の化石を発見する必要がある。そこで堆積学者の出番となった。ルイ・パスツール大学（ストラスブール）の堆積学センター長を務める堆積学者フィリップ・デュランジェが、砂漠の調査を始めた。この一面真っ白の砂漠の中であちらの砂を払い、こちらに探りを入れる。こうした調査を根気よく続けるのは無謀とも思えたが、やがてデュランジェは、ほかの場所よりももろい地層を発見した。そこがかつては湖のほとりだったのだ。調査団はそれ以後、この区域に全エネルギーを集中した。探せば見つかるものだ。ウマ科やウシ科の動物の顎骨、シバテリウム（キリン科）の脛骨などが発見された。そこから結論を引き出すには早すぎるが、少なくとも発掘物はたくさんあった。ところが、またしても嵐である。当時まだ博士課程のクラスの学生だったリキウス・アンドッサは、嵐の兆候が現れる前からそれを予感していたようだ。私たちは、採掘できる化石は採掘してしまおうと大急ぎで作業を進めた。採掘できないものについては、現場で作った石膏のふたで守ることにした。嵐が落ち着いた後に再び発見できることを願いながら。

嵐がやや弱まると、目にはゴーグルをつけ、頭にはターバンを巻いて、私たちは採掘し残した化石を探しに探した。しかし三日探しても見つからず、調査団の士気は下がるばかりだった。夜、大きなテーブルを囲んで話をしていると、ほかの場所で発掘調査を進めたいとの声が一部から上がった。だが私は、計画的で徹底した発掘調査が必要であり、発掘し忘れた化石がないか確かめるためにも、もう一度それぞれの発掘場所を調査しなければならないと主張し、必死に説得を試みた。するとマハマットが助け船を出してくれた。この嵐ももうすぐ止むだろうというのだ。マハマットは正しかった。それから三日後には太陽が戻ってきた。それでも、風がもたらした損害は大きかった。嵐の前に目をつけておいた化石は、砂漠の砂に飲み込まれてしまっていた。砂嵐に削られ、もはや見分けられなくなっているものもあるだろう。しかし風のおかげで、新たに姿を現した化石もあった。すでに絶滅してしまったいくつかの種の化石が、砂漠の奥深くから顔をのぞかせていたのだ。あちらに数百万年前に死んだハゲコウ属の鳥の脛骨と足根骨があったかと思えば、こちらには今にも駆け出しそうなレイヨウの細い後ろ足があった。大きな走行型ハイエナの骨も発見された。現在のブチハイエナに近い種である。キリンの遠縁に当たる、大きい角をもったシバテリウムもいた。発掘された化石は全部で一五〇〇点に及ぶ。しかし、アベルに繋がるヒト科の骨はひとつも見つからなかった。

その年の調査には撮影チームも同行し、日常的な場面はおろか、私たちが迷ったり熱狂したりしている光景までカメラに収めた。アベルはチャドのスターだったからだ。その発見の物語を伝えるドキュメンタリー番組『アベルの足跡』が、ジェデオン・プログラム社により制作されている。世界中の三億人以上の人がこの映像を見てくれることだろう。広く大衆に科学を普及させることも、科学者の重要な使命である。

ベースキャンプは人でごった返していた。ブラシをもつ発掘作業員から、あるいはカメラをもつ撮影スタッフから、私は絶えず声をかけられた。理由はさまざまだ。大した理由もなく呼ばれることもあれば、頭痛を訴えられたり、専門的な質問をされたりすることもある。静かな砂漠を好む私にとって、こうした環境は大きな負担だった。そこで私は、独りになるために周囲の探索に出かけることにした。やがて私たちが、人類史解明への巨大な一歩を踏み出すことができたのは、この息苦しい環境のおかげでもある。

翌日の朝、私は高等研究実習院の古生物学者ジャン・シュドル、ガイドのマハマット、物資運搬を担当していた技術協力アシスタント、地質・鉱山研究局（DRGM）の技師一名を連れてベースキャンプを発った。さらに古い地層を見つけるためである。アベルを発見してからすでに二年が経過している。私たちには二つの選択肢があった。第一は、コロ・トロの発掘を続けることだが、これはすでに一九九六年に行っていた。第二は、さらに古い地層を調査することである。私はこちらに賭けた。そのような場所があれば、もしかしたらそこで人類史の第一章を垣間見ることができるかもしれない。そのような場所がなければ、コロ・トロを集中的に調査すべきだと確信できるだろう。

私が自分の決意を伝えると、誰もが探索に参加したいと申し出て、あきらめさせるのに何時間も辛抱強く説得しなければならなかった。出かけるキャプテンは私だけであり、せいぜい五人ほどしか連れていけなかったのだ。その日の明け方、太陽が砂を温める前に、私たちはベースキャンプを出発した。目指すは真西、コロ・トロから一五〇キロメートル、ンジャメナから八〇〇キロメートルほどの地点である。私たちは二日間ジープを走らせ、砂丘地帯の西部にたどり着いた。私がそこを選んだのは、いくつか手がかりがあったからだ。第一に、フランスの地質学者ジャン゠ルイ・シュネデールが、その辺りで化石を見つけたと語っていた。第二に、その地域は平らだが、地形的に見てコロ・トロの調査地よりも低かった。これらの情報から合理的に考えれば、その辺りにコロ・トロよりも古い地層が姿を現している可能性がある。

結果的に私の考えは正しかった。早速仲間が、原始的な長鼻類の化石を発見したのだ。ゾウの遠縁に当たるアナンクス・ケニエンシスという種の化石である。この種はアフリカのその他の地域でもよく発見されており、生息年代がはっきりしている。その化石が発見されたということは、ここの地層がアベルの地層より古いということだ。そのほか、二種の水陸両生哺乳類の化石も発見された。ひとつは現在のカバに近い種、もうひとつはアントラコテリウムと呼ばれるカバの一種である。アントラコテリウムも、ずいぶん前から褐炭採掘場などでよく発見されている種であり、これらの化石により、この地層のさらに正確な年代を特定することができた。そこは中新世末期（八〇〇万〜七〇〇万年前）の地層なのだ。私たちは、一気にかなりの時間をさかのぼったことになる。

地図上に記されたその辺りの名前から、私たちはこの化石産出地をトロス・メナラと名づけた。トロス・メナラも、コロ・トロと同じように、地平線下に形成された堆積層があちこちに断続的に姿を見せている。こうした地層の隆起は、まるで大きな波紋のように東西方向へ延び、東のコロ・トロへと繋がっていた。しかもそこは、ヒト科が生活を営んでいたとしてもおかしくない環境である。私はその可能性を信じた。調査を行う必要がある。

私たちは、そこで一週間発掘を行った後、ベースキャンプに戻った。調査団のメンバーは、あまりに長い間帰ってこない私たちを心配していたようだったが、その間の自分たちの成果をうれしそうに話してくれた。だが私は、慎重に判断し、新たに発見した化石層については詳しい話をしないことにした。この発掘調査があと数日で終わろうとしている時に、無用な不満が噴出するのを避けたかったからだ。しかし私はその後、あらゆる発掘調査の機会を利用しては、トロス・メナラに少人数の分遣隊を派遣した。コロ・トロ、コレ、コッソム・ブグディで調査を行うかたわら、並行してトロス・メナラの発掘を行ったのだ（コレとコッソム・ブグディは、ＭＰＦＴが発見した化石産出地である）。

やがてその日がやって来た。二〇〇一年七月のある日、調査団は驚くべき化石に遭遇した。ンジャメナ大学の理学士アフンタ・ジムドゥマルバイェは、調査団の中でもひときわ化石探しに長けた男だった。私はアフンタによくこう言ったものだ。チャド人は、砂の中からごく小さな化石さえ見分けられるほどの目をもっているが、君はそのチャド人の中でも最高の目をもっている、と。大量の砂や堆積物の中から、一ミリメートルほどしかないげっ歯類の歯の化石を見つけることにかけては、アフンタの右に出る者はいなかった。もっと小さな化石を見つけたことさえ何度もある。そもそもアフンタは、小型脊椎動物の化石の研究を専門にしていた。ふるい分けられ、洗浄されたそれらの化石の収集量においても、ンジャメナにはアフンタに匹敵する者はいなかった。

二〇〇一年の発掘調査も終わりに近づいていた。誰もが疲れを訴え、早くンジャメナに戻ってベッドでゆっくり体を休めたい、シャワーで汗を流したいと思い始めたころのことだった。一人で作業をしていたそのアフンタが、トゥーマイを見つけたのである。このように、帰り支度をしていたのに、ある発見のために帰れなくなってしまうというのはよくあることだ。私は、この遠い祖先を発見したのがチャドの人間だったことをうれしく思う。この祖先は後に、チャド大統領により〝トゥーマイ〟と命名された。現地のゴラン語で〝生命の希望〟という意味である。

シリカと鉄とマンガンに覆われた、真っ黒でいびつなこの頭蓋骨を見た時、アフンタの脳裏にいつもの疑問が浮かんだ。これはサルなのか、ヒトなのか？　その時、私はパリにおり、分遣隊の中に古生物学者は一人もいなかった。分遣隊にいたのは、ＭＰＦＴの物資運搬係、地理学者、それに一五年来調査を手伝ってくれている技術協力アシスタントだけだ。チームはその時、アメリカの古生物学者がよく言う〝ヒト科熱〟にとりつかれた。つまり、最古の人類を見つけたと信じ、大興奮したのである。

続くエピソードは、ホモ・サピエンスの人生を象徴していたと言っていい。まさに悲喜こもごも、希望と裏切りの連続である。分遣隊に参加していたこの地理学者はこれまでも、アベルの発見以来、世界的に有名なさまざまな科学雑誌に、これまで一行たりとも書いたことのない古生物学関連の記事を発表していた。この学者はきっと、自分がトゥーマイの〝生みの親〟だと思い込んでしまったのだろう。調査団に相談することも許可を得ることもなく、このような発見には慎重に対処しなければならないことも忘れ、いくつもの雑誌に早まった記事を発表してしまったのだ。繰り返し言おう。古生物学において、栄誉を勝ち得るのは個人ではない。チームなのだ。いずれにせよこの学者は、トゥーマイを発見して以来、自分の調査隊を組織することも、発掘調査を指揮することもなくなり、完全に姿を消した。自らMPFTを脱けてしまったのだ。

この男がいくら派手に宣伝したとしても、すぐにトゥーマイが学界から認められるわけではない。実際、ンジャメナに運ばれてきてからも、この頭蓋骨にまつわる謎は解明されないままだった。これはヒト科なのか類人猿なのか？　何歳ぐらいなのか？　アベルやルーシー、タウング・チャイルドのようなアウストラロピテクス属の仲間なのか？　私は、早く現地へ来るようチャド当局から要請を受けるとともに、まだ見たこともない化石についてマスコミからしつこく意見を求められた。トゥーマイの発見はまさに青天の霹靂だった。

一ヵ月後、私はようやく、ンジャメナのCNARに保管されていたトゥーマイと対面した。ほぼ完全にそろった頭蓋骨に、私は茫然となった。周囲を覆っていたシリカ、鉄、マンガンに守られてはいたが、浸食により前歯が失われ、右の犬歯しか残っていない。遠い昔の化石標本であることは間違いないが、それ以上のことを知るためには、さらなる時間と分析が必要だった。

トゥーマイが何ものであるかを証明するには少なくとも一年は必要だと私が説明すると、チャド当局者はこの上なくがっかりしたようだった。私は、チャドの職人に木製のきれいな箱を作ってもらい、トゥーマイをそこに入れ、周りに脱脂綿を敷き詰めて固定すると、フランス大使の立ち会いのもと、チャド大統領から貸し出し許可をもらった。太古の時代からやって来たこの訪問者とともにパリ行きの飛行機に向かうと、わざわざ機長がタラップの上でこの奇妙な二人組を出迎えてくれた。

トゥーマイは何ものなのか？　何歳ぐらいなのか？　トゥーマイとアベルの間にどんな関係があるのか？　生活環境はどのようなものだったのか？　兄弟や姉妹はいたのか？　一人で生活していたのか、家族で暮らしていたのか？　調査が始まった。

チャドの地図

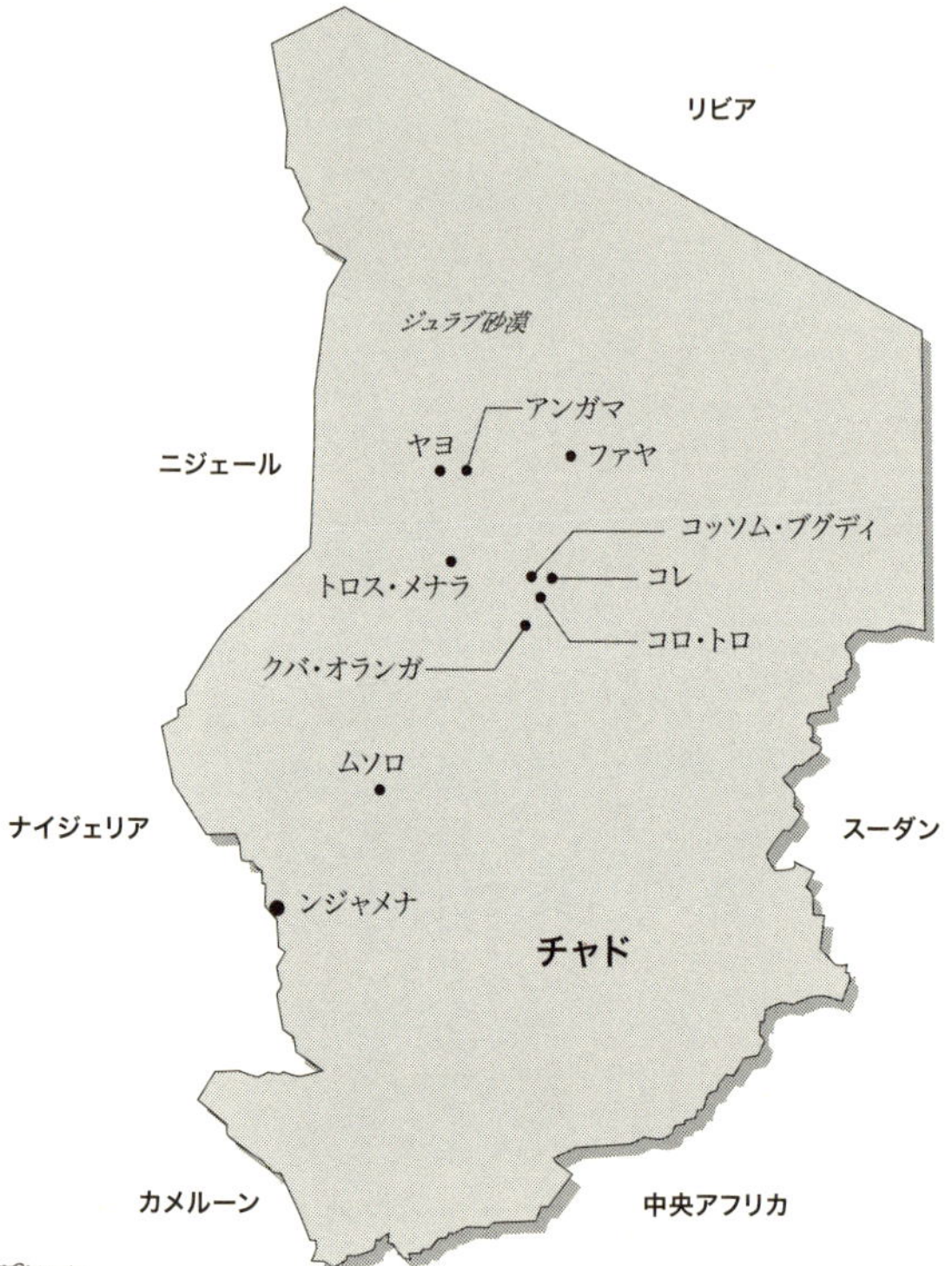
リビア
ジュラブ砂漠
アンガマ
ヤヨ
ファヤ
ニジェール
コッソム・ブグディ
コレ
トロス・メナラ
コロ・トロ
クバ・オランガ
ムソロ
ナイジェリア
スーダン
ンジャメナ
チャド
カメルーン
中央アフリカ

チュニジア
アルジェリア
リビア
エジプト
マリ
ニジェール
チャド
エリトリア
スーダン
ジブチ
ナイジェリア
エチオピア
ソマリア
中央アフリカ
ケニア
コンゴ
タンザニア
南アフリカ

3

人類発祥の地を求めて

アジアからアフリカへ

科学者が行き当たりばったりに仕事をすることはない。一九九四年に私がチャドの砂漠へ調査に出かけたのは、偶然でもなければ、突然未知の土地を開拓したくなったからでもない。四〇年にわたり古生物学を研究する中で、フランスのロット゠エ゠ガロンヌ県からアフガニスタン、イラク、カメルーン、ナイジェリア、そしてチャドへと調査地を変えていったのは、合理的思考に沿った結果だった。調査により発見を行い、科学的に疑問を解決していった結果なのだ。アジアでの経験を機に、漸新世の哺乳類から古代のヒト科へと研究の対象を変えたのも、科学的な選択によるものである。

つまり、私がこれまで行ってきた数々の選択は、私たち古生物学者に固有の論理や方法論に従ったものなのだ。その選択がいかに個人的なものであろうと、それは古生物学の作業プロセスを如実に反映している。私がさまざまな発見を成し遂げられたのは、運がよかったからではなく、あらゆる古生物学者に共通する科学的思考に基づいてきたからにほかならない。だから、ここでこの風変わりな職業について、説明を加えておくのもあながち無駄ではないだろう。どうすれば古生物学者になれるのか？　数少ない人類の過去の証拠を何年も探し続けるには、どのような性格でなければならないのか？　経歴をどのように積み上げていけばいいのか？　専門をどう選んだらいいのか？　どうすれば経歴を飛躍的に向上させることができるのか？　失敗や疑念をどう克服すればいいのか？　若い学生に、自分のあとに続くよう説得するにはどうすればいいのか？

　私の人生は戦争とともに始まった。戦争による混乱の真っただ中にあった一九四〇年五月、当時両親はベルサイユに住んでいた。しかし母親は、ビエンヌ県南部に暮らしていた両親のもとで私を生むことにした。その当時の状況を考えれば、非占領地域で子供を生むというのは、なかなかの名案である（当時フランス北部はナチス・ドイツに占領されていた）。私は七歳までこの静かな田舎で暮らし、大好きな祖母に育てられた。この当時の記憶を美化しすぎているのかもしれないが、この時代は私の人生の中でもっとも幸せな時期だった。しかし、それが事実であろうがなかろうが大した問題ではあるまい。およそ六〇年後、幼年時代を過ごした家をうららかな季節に再訪した折には、木の実を集めたり、釣りをしたり、走り回ったりした記憶が一度に蘇ってきたものだ。だが、ひとつだけ確かなことがある。この七年の間に、私の性格、私の好み、私の心が形成されたということだ。私が古生物学者になったのも、この七年間によるところが大きい。

　祖父母は、当時の多くのフランス人同様、農業を営んでいた。私は祖母と話し合った結果、実に突拍子もない自由を手に入れた。学校には行かず、祖母に初等教育を手ほどきしてもらうことになったのだ（フランスの義務教育は六歳から始まる）。祖父母の家には、自由の気風がみなぎっており、冒険が称賛されていた。祖母は、アルゼンチンからボルドー港へ向かう船の中で生まれた。ブエノスアイレスで知り合った祖母の両親が、そこでは一旗揚げることができず、ビエンヌ県に移住しようとした矢先のことである。そんな生い立ちをもつ祖母は、自分なりに苦労して身につけた知識でなければ意味がないと考えていた。

小さな子供にとって、時間を浪費できる自由がどんなものか想像してみてほしい。ある時には、農場のウマやウシやヤギの世話をし、ある時には、猫の額ほどの小さな耕作地に区分けされた美しい田園地帯を駆け回り、そこに点在する森や林で遊んだ。またある時には、近くにあるジュラ紀の石灰岩の採掘場で石工の仕事を観察した。のみが打ち込まれると原石に亀裂が入り、そこから貝の化石が表れる。太古の昔に石化した渦巻き状の貝があるということは、かつてここは海だったのだ。それを想像するたびに私は陶然とした。このビエンヌ県でかつて大波が泡を立てて砕けていたかと思うと、目がくらみそうだった。私は石工たちと何時間も無駄話をし、新しい化石を家に持ち帰っては宝物に加えた。ほかにも覚えていることは山ほどある。冷え込んだ朝には、ショールを掛けてがたがた震えている祖母に連れられ、池でよくコイ釣りをした。収穫祭の時には、手で結わえた麦束を放射状に積み上げる手伝いをした。村人の誰もが助け合いの精神を忘れず、刈り取り機を引く赤牛を提供してくれたり、脱穀機を農場から農場へと運んでくれたりした。こうして私は、このわずかな幼年時代を通して、自然を愛し、動物を知り、努力や忍耐の意味をつかみ、静けさを好み、とりわけ人間関係を愛するようになった。そしてそれ以来、部屋に閉じこもっていたり、ヤギのように杭に繋がれたりすることに耐えられなくなった。さまざまな道が目の前に開けていたパリ大学の学生時代、私が古生物学を選んだのは、この大自然を求める本能的欲求が無意識に働いていたからかもしれない。

自然の中で、私がいちばん興味を引かれたのが動物である。幼年時代に羊の番犬ラディオと無二の親友だったことも、動物の世界に興味をもつきっかけになったようだ。それに私は、広い空間でなければ生きていけなかった。シャンゼリゼよりも、トルキスタンやアフガニスタン、チャドの砂漠のほうが心が休まった。いくら車を走らせても絶えず地平線が陽炎のように遠のいていくような場所を、何日も旅するのが好きなのだ。現代の子供は、これほど自由に人生や自然について学ぶ機会がない。知識や免状で競争を行う社会では、若者は否応なく決められたコースを走らされ、のけ者にされたり排除されたりしないようそのままゴールを通過していく。一息入れたり考え込んだりする暇はない。現在、七歳まで子供を就学させない勇気のある親がいるだろうか？　子供の才能を開花させるためには、学校で授業を受けさせるよりも、自然の中で物事を学ばせるほうが大切だと思う親がいるだろうか？　就職戦争が厳しくなったせいで、教育の選択の自由が容赦なく奪われ、たったひとつの教育方法しかあり得ないような印象を与えている。

この詰め込み教育に、さらにテレビやインターネットなど、絶大な影響力をもつメディアが拍車をかける。聞いた話によれば、もはや戸外に出ていかなくても、すべてを学び、観察し、作り、生み出すことができるという。私がそんな環境にいたら、数々の貴重な経験の機会を失ったことだろう。かえって私は、情報化時代の前に学業を始めることができたことをむしろ幸運に思う。たとえ論文を、謄写版の原紙に鉄筆で一文字ずつ書かなければならなかったとしても、その思いが揺らぐことはない。私たちは、発掘すべき化石を求めて現地へ出かけ、見つけたらそれを鉛筆で紙に描くよう教えられた。確かに物質的な面では大変な時代だったが、精神や性格の形成にはきわめて有益だったと思う。私の見たところ、最近の古生物学の学生は、自分たちが師と仰ぐコンピュータ科学の偉大な専門家にならい、屋内で研究をしたがる傾向があまりに強い。だが、現地調査に積極的に参加する意思がなければ、私が指揮する調査団のメンバーに加わることは到底できない。

都会での生活

一九四七年九月、両親が迎えに来て私の休憩期間は終わりを告げた。私は両親とともにベルサイユに戻った。ラディオと池のコイを連れていくのは、涙ながらにあきらめなければならなかった。だが、化石とともに、コイの稚魚数匹と、まだ若いつがいのキジバトは一緒に連れていった。このキジバトは、私が親鳥代わりになり、くちびるにはさんだ麦粒をついばませて育てたものだ。私は長期休暇のたびに、小さなカゴをもち、終戦後のぎゅうぎゅう詰め列車に乗ってパリとビエンヌ県を往復した。

七年間田舎で自由に暮らしていた私は、都会に出て大きなショックを受けた。家はこれまでのような大きな農場ではなく、ベルサイユ宮殿からおよそ二〇〇メートルのところにある小さなアパルトマンだった(後に庭つきの一戸建てに移った)。それに、もう祖母に勉強を教えてもらうこともできず、レーヌ大通りの公立小学校へ通わなければならなくなった。何より残念だったのは、あちこちに生け垣が立ち並ぶ農村風景などなく、自然といえばル・ノートルが設計した庭園だけだったことだ。しかも、子供は芝生の上で遊んではいけない決まりになっていた。つい最近も、パリの大庭園で芝生に入った二人の子供が笛で注意されている光景を見たことがある。フランスの都市では、相変わらず子供の芝生への立入りが禁じられている。私は、そんなフランス式庭園が好きになれない。人工の自然を展示している博物館のようなのだ。それは、都市に形骸をさらしている生きた化石でしかない。

学校で私は、無人島から戻ったロビンソン・クルーソーのような気分を味わうことがよくあった。読みと計算は完璧にできたが、書くことがどうも苦手だった。当初は書き取りをしても、文字の羅列にしかならなかった。それらの文字を結びつければ単語になるのだが、行末まで書いてからでなければ、文字を単語ごとにまとめることができなかったのだ。また、動物を見れば一目で何という動物かわかったが、ビエンヌ県南部で呼び習わされている名前しか知らなかった。たとえば、カササギの話をしている時にみなに笑われたことがある。私がカササギのことを南部方言の〝アジャス〟と呼んだからだ。こうした狭い空間、あるいは規則ずくめの生活が私にはとても辛かった。その結果私は落ち着きのない子供になり、土曜日に何度も補習を受けさせられた。

だが、こうした逆境にもいい点はある。正式な教育課程による知識と、自然を観察して蓄積してきた自分の知識との差を埋め合わせるため、がむしゃらに勉強しなければならなかったこの期間に、競争心が芽生えたのだ。目標を設定し、それを達成する手段を見つけ、粘り強く努力して目標に挑んでいく。こうして私は、科学者が育むべき健全な競争心を身につけた。現在、私と同じ〝初期ヒト科の起源と古代の環境〟を研究テーマにしている著名な専門家はわずか数十名しかいない。そんな学界では、公正に行われているかぎり、専門家相互の自然で活発な競争は常に有益である。表彰台の最上段に登ることは、チームの各メンバーを個人的に満足させるだけではない。人類の起源に関する新たな情報をもたらし、学界全体の知識を向上させることにもなるのだ。

学校の話に戻ろう。退屈きわまりない学科の中に、私がすぐさま夢中になった学科がひとつだけあった。幼年時代の関心事に比較的近い自然科学である。これほど楽しかった授業はない。ベルサイユの同級生から〝田舎者〟呼ばわりされていた私は、最初に自然科学を教えてくれたイルシュ先生に励まされ、誇りを取り戻すきっかけをようやく見つけることができた。

こうして私は、同じ年に初等教育修了証書と中等教育第一期課程修了証書を取得し、義務教育を終えた。当時、両親は私を小学校教師にしたがっていたが、両親の言いなりになりたくなかった私は、師範学校の入学試験に見事落第することに成功した。そして入学したオッシュ高校では、自然科学に重点を置く〝近代教育課程第一級〟を選択した。しかし両親も教師も、自然科学よりも数学を伸ばすよう勧め、私を無理やり数学準備学級に入れた。そのころ、〝ジネット〟という名で知られる私立のサント＝ジュヌビエーブ高校に、進学率の高いことで有名なグランドゼコール（仏の高等教育機関）受験特別クラスがあった。公立のオッシュ高校はそのクラスに対抗できるクラスを作ろうとしていたらしく、権威あるグランドゼコールの受験に合格しそうな学生を確保し、ジネット並みに進学率を上げようとしていた。私はその中に組み込まれたのだ。二つの中等教育機関の進学率競争のせいで進路を誤り、猛烈な詰め込み教育を受けた私は、数学に強い生徒の中で途方に暮れ、この強制的な拘束状態に耐えられなくなってしまった。その年度の半ば、両親の厳しい叱責にもかかわらず、私はオッシュ高校を退学した。目指すは、キュビエ通りの歴史ある講義室で自然科学の講義を行っていたパリ大学である。私には、この決意を翻す意思は毛頭なかった。そこで、選択の自由を行使する代わりに、経済的に自立する手段を見つけ、自分の人生を自分で切り開くことにした。こうして私は、ベルサイユのオッシュ高校の〝駒〟から、オルセーのジャン＝バプティスト・コロー高校の〝駒〟になった。

パリ大学は衝撃の連続だった。私たち何百という学生は、一日中、硫化水素（H_2S）に浸っていた。あの卵の腐ったようなにおいが、伝統ある化学の実習室から始終立ちのぼっていたのだ。昼は場所がないからという理由で、夜の一〇時から一二時にかけて、作業台の上で試験を受けることもあった。それでも翌朝になれば白衣を身につけ、実習に参加した。背中に一〇センチメートルほどの文字で登録番号を記した、まるで徒刑囚が着そうな白衣である。まだ五月革命（一九六八年に発生した学生を中心とした反体制運動）前で、学生はしばしば単なる数字で識別され、多くの教授が近寄りがたい高座から教えを垂れていた時代だった。しかし私は、こうした教授との関係に悩むことはなかった。優れた才能をもつ教授と出会う機会があったからだ。傑出した研究者であればその情熱は学生にも伝わる。こうして私は、パリ大学が一握りの学生のためにオルセーに開設したばかりの緑豊かな別館で、著名な教授や研究者から、地質学、動物学、植物学、生理学、遺伝学、解剖学の講義を受けた。地質学者のオーブアンやデルクール、生物学者のベルジュラール、植物学者のマンジュノー、電気生理学者のブノワ、遺伝学者のレリティエなどそうそうたる面々である。教授たちは、実習担当教員や助手とともに、科学的に観察する方法、石や鉱物、動物、植物を見分け、分類する方法、それを黒鉛筆でスケッチする方法を教えてくれた。こうして私は幅広い教養を身につけていった。実習や解剖や観察を繰り返し、解剖学に関する多少の基礎知識を身につけはしたが、古生物学や外科医学ばかりを専門に学んだわけではなかったのだ。アメリカでは、古生物学は医学と関連づけられている。一方、フランスでは伝統的に、地球科学や宇宙科学と関連づけられている。現在私は、国立科学研究センターがポワチエ大学と共同で設置した、地質生物学、生物年代学、古人類学を総合した混成研究室(UMR)6046の室長を務めているが、これも生命科学部門や環境科学・持続的開発部門と関連づけられている。古生物学をあまりに狭い枠組みに閉じ込めてしまうのは、きわめて危険である。この分野におけるフランスの科学者たちが優秀なのは、まさにこうした多分野にわたる教育のおかげなのだ。地質学、解剖学、遺伝学、進化の仕組み、系統発生学、生態学、生物地理学などを十分に学んでおけば、自分の研究を自由に方向づけできるとともに、自分の専門を補完し、多分野の専門家を集めたチームの中で行動する際に、それだけ多くの価値を提供することができる。アメリカの古生物学者たちは、フランスのこの二重教育を高く評価している。アメリカでは、多分野にわたる教育を犠牲にして専門性を重視する傾向が強いからだ。

こうして私はさまざまな単位を取得し、あとは教授資格試験の勉強をするばかりとなった。

とはいえ、将来進むべき方向はまだ決まっていなかった。

国立自然史博物館での出会い

私は自然科学関係の研究に進みたかったが、研究室の中にこもるのは嫌だった。医学でもよかったが、診療室や病院の中で働くのは気が進まない。そのころから〝世界の医療団〟や〝国境なき医師団〟が活躍していれば、あるいは世界の果てで医療を行うという選択肢に思い至ることさえあれば、私の人生は変わっていたことだろう。軍医という手もあるが、軍服がどうも好きになれなかった。では獣医は？　これも、現代のイヌ、ネコ、ハムスター、カナリアなどの診察には興味がない。若いころはとかくこのような優柔不断に陥るものだ。そんな時、運命の女神が私に合図を送ってくれた。ある日、動物学の実習を指導していたブリュレ女史が、私に紙きれを渡してこう言ったのだ。「ここに電話してみて」。そこには、国立自然史博物館の古生物学研究所に勤めている、女史の友人の電話番号が書かれていた。

こうして私は、一九六二年、国立自然史博物館でエミール・アンツと面識をもった。シカ科の動物を専門とする国立科学研究センターの主任研究員である。あれから四〇年になるが、今でも親しい間柄だ。アンツは、当時まだ少なかった古生物学者の中から重要な人物を紹介してくれた。古生物学研究所の所長で、あごのない下等脊椎動物（無顎類）が専門のジャン＝ピエール・レマン教授、古生物学研究所の副所長で、肉食動物の専門家であるレオナール・ガンズブールなどだ。ガンズブールは、オルレアン近郊アルトネで行う発掘調査に私を誘ってくれた。私は以前から生物学に興味を抱いていた。動物の世界には惹かれるものがある。しかも古生物学であれば、戸外での仕事が多いに違いない。こうして私は、自分の進むべき道を見つけたのである。

調査からパリに戻ってきた私は、来年は脊椎動物古生物学の第三期課程に登録しようと心に決めた。その課程を担当していたのが、著名なジャン・ピヴトー教授である。仏西部シャラント県出身の教授は、学部の中でも誉れ高い研究者の一人で、知識も経験も豊富な古生物学者であり哲学者であった。古いタイプの教授で、講堂に出入りする際には学生に起立を求め、研究室のメンバーにも自分の講義に出席するよう命じたほどである。教授は私を迎え入れてくれたばかりか、学位論文のテーマさえ与えてくれた。アメリカから届いた研究材料を私に託したのである。それは、漸新世前期（三五〇〇万～三二〇〇万年前）の原始的なネコ科動物の頭蓋骨や歯や四肢骨だった。教授は、ケルシー地方の燐灰土の中から見つかったヨーロッパの原始的なネコ科動物を研究しており、『ケルシー地方の燐灰土から出土したネコ科動物』というタイトルの有名な論文を発表していた。この地方はかつて、広大な石灰岩の台地だった。それが数百万年の間に浸食を受けてあちこちに穴が開き、多くの哺乳類がその中に落ちて死んだ。こうして遺骸が蓄積し、骨が分解され、燐灰土ができあがった。そして一九世紀以降、肥料用に燐灰土が採掘されるようになった際に、数々の化石が発見されたのだ。

私は、すでに絶滅したネコ科動物の貴重な化石を託され、その研究を任されたことを誇りに思った。同時に、何千万年という時を超え、この絶滅種を追跡することに目まいを覚えた。サーベルのような鋭い上顎犬歯が特徴的な、このマカイロドス類の化石を観察することで、太古の時代の何を発見できるのだろうかと考えると、胸がわくわくした。運命のいたずらなのか、それから数十年後にトゥーマイのそばで、私はマカイロドス類のトラの顎骨と上腕骨の化石を見つけた。このトラは、四五〇キログラムもの巨体で周囲を圧倒しながら、わがもの顔でその辺りを支配していたに違いない。しかし、パリ大学で学位論文を書いていた当時は、将来この恐るべきネコ科動物に再び出合うことになろうとは思いもしなかった。

そのころの学生は、過去の古生物学者が収集したまま、時には何年も研究されないで放置されていた〝引き出しの中の資料〟を研究する場合がほとんどだった。ピヴトー教授が私に託した化石も、イギリス人の研究仲間から送られてきたものである。そのころは、新たな化石を求めて現場に向かうことなどほとんどなかったのだ。その研究はそれ自体きわめておもしろいものだったが、私は研究をすればするほど、古生物学者というものは、地質学的・古生物学的な実地調査を行い、自分の研究に最適な地層を発見すべきだと確信するに至った。発掘場所が正確にわからなければ、そこの堆積物の状況を把握することができないからだ。ところが、一九六〇年代ごろから〝引き出しの中の資料〟が底をつき始め、新世代の古生物学者は否応なく現場に出なければならなくなった。それは、一部の者には不運だったかもしれないが、私にはきわめて幸運な出来事だった。現在、私たちはアベルやトゥーマイを発見したコロ・トロやトロス・メナラで、何千という化石を発掘している。これらの化石の研究を、ポワチエ大学やモンペリエ大学などの研究室にいる博士課程の学生に託したい気もしないわけではない。私たちにはほかに、これから何年もかけて行うべき重要な仕事があるからだ。しかしこれらの化石は、これまで何百万年も待っていたのだから、あともう少しぐらい待ってくれるだろう。私はあえて、UMR6046に所属する若い研究者に、現場で経験を積むよう指導している。この研究室の場合、現場とは砂漠である。自然の猛威の前に自分の存在が小さく見える場所だ。そこは、人類の過去の解明に取り組む方法を学べるだけでなく、自分を知り、仲間を知ることとさえ学べる、この上なく豊かな人生の学校である。

私は、友人が見つけてくれた国立自然史博物館の地下にあるほこりっぽい小部屋で、化石の研究にとりかかった。すると間もなく、私の日常生活を揺さぶる二つの提案が舞い込み、どちらかを選択しなければならなくなった。まずは古生物学研究所の所長から、ニジェールの化石層の発掘調査に誘われた。原子力庁の地質学者が恐竜の化石を発見したばかりの場所である。すると時を同じくして、ポワチエ大学の教授に任命されたばかりのクリスチャン・ギュートが、私に助手にならないかと声をかけてきた。結局、心情的な理由が科学的な理由に打ち勝った。私はポワチエが好きだった。幼年時代を過ごしたビエンヌ県の都市だからだ。

ギュートは根っからのパリっ子で、始終パリへ出かけていたため、研究室の準備を私に一任した。最初は大変だった。まずは、場所をふさいでいた先史時代の遺物コレクションをすべて片づけ、研究室と講義室を配置するスペースを確保した。当時は、研究を続けたければ研究資金を自分で調達するなど、自力で問題を解決しなければならない時代だった。そこで私は、近くの市場の畜殺業者にお願いし、大型哺乳類（ウシ、ヒツジ、ウマ）の頭蓋骨を提供してもらった。脊椎動物の化石を研究するにあたり、骨の参照標本を集めておく必要があったからだ。そして、市場から持ち帰った骨にクリーニングを施し、分類・整理を行った。これも古生物学者の仕事である。発見した化石が何科の何という種のものかを識別するためには、その化石を同類の動物の骨と比較し、共通の特徴や差異（数百万年の間に生じた進化の結果）を確認する作業が必要になる。この分析を行うのが比較解剖学である。

こうした苦労には利点もあった。私はこの仕事を通じて、解決策を見つけ、柔軟に対応し、専門の仕事に精通する術を身につけた。いずれも、学者として生計を立てていくために必要な要素である。

科学においては、静かな環境や快適な設備が発展を促すわけではない。

一九六六年、パリ大学に第三期課程の論文を提出した私は、ポワチエ大学の国家博士課程に登録した。すでに住居をポワチエに移していた。論文の指導教授であるギュートからは、漸新世の哺乳類化石を論文のテーマにしてはどうかと言われたが、〝引き出しの中の資料〟を研究するのはもうこりごりだった。直接発掘現場に出かけ、研究テーマの対象となる化石資料を自分で収集したい。私の望みはそれだけだった。室内から一歩も出ない古生物学と決別し、幼年時代に深く慣れ親しんだ大自然ともう一度触れ合いたかったのだ。

ドルドーニュ県のベルジュラックとロット＝エ＝ガロンヌ県中央のビルヌーブ＝シュル＝ロットの間にある、ラ・ミロックとビルブラマール。私が初めて発掘調査の指揮を執った場所である。なぜこれらの場所を選んだのか？　ピレネー地方の地質活動が活発化していたころ、ピレネー山脈が隆起し、中央高地にもこれまでにない起伏が現れた。その後の浸食作用の影響で、できたばかりのピレネー山脈や中央高地から河川を通って土砂が運ばれ、水源近くでは厚い堆積層が、水源から遠いアキテーヌ盆地の底には薄い堆積層ができた。〝アジュネ地方のモラッセ〟と呼ばれるこの堆積層（現地では、キツネがよく巣穴を掘っていたことから〝キツネの砂原〟と呼ばれている）には、きわめて多くの化石産出地点がある。三五〇〇万～三〇〇〇万年前ごろのさまざまな脊椎動物の化石が、そこに保存されているのだ。その時代、この辺り一帯には、ピレネー山脈や中央高地から流れる無数の河川により、肥沃なデルタ地帯のような環境が形成されていたに違いない。

酸性の環境でないなど、ある一定の条件が整えば、その場に生息していた代表的な動物種や植物種の遺骸（主に歯や骨などきわめて堅い組織）や生命の痕跡は化石として残る。三五〇〇万年前に死んだ脊椎動物でも、死んだ直後に砂や泥土に覆われれば、堆積層の中で化石化する可能性がある。その数百万年後には、その動物の遠縁種が、先の堆積層の上に積もった地層の中で化石化するかもしれない。このような地質学的・地層学的状況を考慮すれば、自分の研究に適した堆積層を見つけることができるはずだ。

しかし、これだけの条件がそろっていたとしても十分とは言えない。そう簡単に化石は見つからないからだ。化石はきわめてもろく、浸食により容易に摩滅してしまうため、世界的に見ても非常に数が少ない。何百万頭もの恐竜やマンモスやサイの死骸につまずく心配もないわけだ。そんな化石の中でも、とりわけヒト科の化石は滅多に見つからない。ほかの哺乳類の化石よりも群を抜いて数が少ないのだ（一〇〇〇対一程度の割合）。

ビルブラマールは文献にも登場する。それによれば、第一次世界大戦前に、化石の愛好家だった村の薬屋が発掘を行ったことがあるらしい。以来この場所は忘れ去られていた。しかし、堆積物が交錯しているということは、かつてここに、河川が三つ編みのように絡み合うデルタがあったということだ。こうした沖積平野にはかなりの期待がもてる。そう考えた結果、この場所を調査地に選んだのである。いったい私たちは、この〝アジュネ地方のモラッセ〟の基盤部の地層から、漸新世前期を代表する動物の化石を発見することができたのだろうか？

私は、ポワチエ大学の若い学生二人、ジャン＝ジャック・デミエ、イヴ・ジャンヌとともに作業にとりかかった。手始めにシャベルとつるはしで四～五メートルの深さの溝を掘ると、いきなりロンゾテリウムの頭蓋骨が現れた。ロンゾテリウムとは原始的なサイの仲間だが、これほど古い化石はフランスでは例がない。しかしその掘り出し作業には、まれに見る困難が伴った。私たちは、きわめてきめの細かい砂岩のすぐ上にある化石層を目指して掘り進んでいたのだが、途中から水が染み出し、溝が水浸しになってしまったのだ。このような状況では、溝の内側を石膏で固めることもできない。だが、その時私は、水の中でも固まる速乾性のセメントを使えばいいことに気づいた。私の手には、あの時必死で作業をした感覚が今も残っている。こうして私たちは、セメントで溝の内側を覆い、この調査地で初めて発見した哺乳類の頭蓋骨を掘り出すことに成功した。

しかし、斜面の上へ行けば行くほど、化石層の上に積もった地層は厚くなる。スコップで深さ一〇メートルの穴を掘るのは、並大抵のことではない。もっと時間が必要だった。そこで私は、思い切ってその土地を購入することにした。土地の所有者であるモラン氏は、私の申し出に理解を示し、快く応じてくれた。だが、もちろん研究室にそのような出費を賄えるほどの資金はない。そこで私は、大学助手としての月給を犠牲にし、三〇〇〇万年以上前の化石を埋蔵するこの土地を自腹で購入した。私がそうまでしたのは、そこが自分の研究にとって重要な場所だと信じていたからだ。いや、これが、自分が企画した初めての発掘調査だったからかもしれない。

すると、たちまちこの場所が悩みの種となった。だが、失敗も経験のうちである。私はまず、工事現場で使うパワーショベルをレンタルし、五〇〇平方メートルほどの巨大な採掘場を切り開いた。すると化石を盗掘する者が現れたので、防御策を講じつつ作業をすすめなければならなかった。私たちは、日の出から日の入りまで休むことなく、水浸しになりながら働いた。セメントを塗り、石膏で固め、採掘場を覆い尽くした。小型トラックで石膏の袋をいくつも運んだほどである。こうして、最後の発掘調査を行った時には、脊椎動物の化石ともども石膏で固めた岩塊を三五トン以上採取し、ポワチエ大学に向けて発送することができた。アベルを発見した場所を除けば、これほどの感動を経験できた発掘現場はほかにないだろう。私は、年下の二人の同僚、ミシェル・ブダンとイヴ・ジャンヌとともに、この現場でこの上ない心の高ぶりを感じたのだった。

この五〇〇平方メートルに及ぶ化石層を、ひとつの見落としもないよう徹底的に調査するには、一〇年が必要だった。最後の発掘調査を行ったのは一九七五年である。その二、三年前にはすでに、出土する動物の種類が出そろってしまい、それ以来新たな種は見つかっていなかった。だが驚くべきことに、この地層に眠っていた種はそれだけではなかった。この一〇年の間に掘り出した岩塊の中に、宝物が隠されていた。なんとそこから、一〇〇頭分以上のプラジオロフの骨が現れたのである。これは絶滅したウマの近縁種で、現在のウマ科の動物よりもノロジカに近い。小柄な体や歯に特徴があり、キュヴィエ男爵がモンマルトルの丘の石灰岩層から発見したことで有名なパレオテリウム科に属する。キュヴィエ男爵とは、国立自然史博物館の前身である王立庭園で、フランス中からあらゆる遺骸や化石を収集し、参照標本と比較して体系的な研究・分類を行った、比較解剖学の父と称される人物である。

ビルブラマールでは、ロンゾテリウム（サイ科の動物）、プラジオロフ（原始的なウマ）、それにげっ歯類の歯が見つかった。しかし何より特筆すべきは、エンテロドンの化石が数多く発見されたことだ。これはアジア生まれの、カバ並みの体格を誇るイノシシに似た動物である。頭蓋骨の眼窩下や下顎骨に異様な隆起があり、イノシシ亜目にしては巨大な鉤状の犬歯をもっている。これまで、アジアや北アメリカではまとまった化石が発見されていたものの、ヨーロッパではきわめて断片的な化石しか見つかっておらず、この絶滅種について部分的な情報しか得られなかった。そんな折にビルブラマールから出土した頭蓋骨、下顎骨、四肢骨は、私たちにとって最高のプレゼントとなった。私が知るかぎり、この頭蓋骨は、現在までにヨーロッパで発見されたものとしては、ほぼ完璧に近い唯一の頭蓋骨である。これで、最初に発見したロンゾテリウム、ネコ科のマカイロドス類に属するユースミルスとともに、私たちは三種の大型哺乳類を発掘したことになる。おそらくこれらの哺乳類は、ほかの哺乳類を従え、漸新世の初めにヨーロッパへ移住してきたのだろう。かつてアジアとヨーロッパを隔てていたウラル海（ツルガイ海峡）が後退するに伴い、さまざまな種がアジアからヨーロッパにやって来たのだ。当時はこのように、プレートテクトニクスにより北大西洋が生まれ、ヨーロッパ大陸と北アメリカ大陸が切り離されて以来、あらゆる種が東方から来たと考えられていた。アジアが、さまざまな哺乳類の祖先を生んだ神秘の土地と見なされていたのもそのためだ。

同様に、一九七〇年代には人類の発祥地はパキスタンだと考えられていた。当時は、そこで発見されたラマピテクスが、最古のヒト科の化石だと信じられていたからだ。一九七五年、私は先に述べた大型哺乳類に関する論文を提出すると、翌年にはそれらの哺乳類を追ってアジアへ向かった。ごく自然な選択である。だが、それをきっかけに、私は研究テーマの再考を迫られ、専門を変えることになる。

アジアでの体験

同じ発掘調査を計画するにしても、外国で調査を行う場合は、事前のアプローチがまったく異なる。外国の場合、政治情勢を把握し、さまざまな許可証や通行証を手に入れ、先にほかの調査団が来ていないか、物資運搬の拠点があるか、といったことを確かめておかなければならない。一九七六年当時、アフガニスタンは、その地質学的環境により、また、国立科学研究センターの第一次カブール常設調査団の調査により、ようやく注目を集めようとしていた。アフガニスタンはフランスの調査団に対して好意的だった。しかしそれまでは、はるか遠くに位置するこの山がちの国に、脊椎動物の化石があるとは誰も考えなかった。それはなぜか？　これまで誰も調査をしていなかったからだ。

一九七七年、私は国立自然史博物館に勤める旧友エミール・アンツとともにアフガニスタンへ出発した。目的地に着くまでがすでに一苦労だった。パリを出てからアフガニスタンの首都カブールに着くまでに、ブリュッセル、モスクワ、タシケントを経由しなければならない。私たちは、七〇〇〇メートル級の山々を越え、カブールに到着する前に必ず遭遇するエアポケットの振動にも耐え、早朝にカブールに到着した。そして都会を遠く離れた山村で、賓客として迎えられた。アフガニスタンの人々はたいていフランス語を流暢に話す。フランスを愛してくれているのだ。私たちは、ジョゼフ・ケッセルの小説『騎馬の民』で有名になったブズカシという競技を、半ばあ然としながら見物した。二組の騎馬隊が死んだ子牛を奪い合い、定められた円の中に入れるのを競う荒々しいスポーツで、勝つためにはどんな攻撃をしてもいいらしい。私はこの競技を見るたびに、激しさと男らしさの混じった壮烈な印象を受ける。おそらく、西洋人の感受性の限界を超えたものなのだろう。カブールでは、ブズカシの愛好者かどうかは顔についた刀傷を見ればわかる。だが、この国では誰もがこのスポーツを愛しているのだ。また、このほかにも、闘鶏やヤマウズラの闘鳥などが行われ、いずれもが賭けの対象になっている。カブールの通りは、中世ヨーロッパの都市もこうだったのではないかと思えるような雰囲気にあふれていた。けた外れに大きな市場があるかと思えば、狭い店が無数に並んでいるところもある。小さなテーブルに札束をうずたかく積んだ両替屋もあれば、まるで豪華絢爛な芸術作品を展示した美術館のようなじゅうたん市場もある。このオリエント世界をぶらぶら散歩する楽しさは、何ものにも変えがたいものだった。

私は、美しかった当時のこの国を決して忘れないだろう。今では、三〇年近く続いている戦争のせいで、あの美しさが損なわれてしまった。巨大石仏のあるバーミヤン渓谷、ストロマトライト（藍藻類の死骸などにより作られた層状構造の岩石）に囲まれ、美しく澄んだ水をたたえた五つの湖が段上に連なるバンディアミール。これらは今も、世界一美しい景色として私の心に刻まれている。

私たちは、山の斜面を伝う道路を何時間も走り、標高四〇〇〇メートルの村モラヤンに到着した。そこが私たちのベースキャンプなのである。翌朝エミールと私は、フルドカブール堆積盆地に隆起している丘のひとつを両側から調査することにした。するとどちら側からも、化石が集中的に存在する大規模な地層が見つかった。それは、この山の周囲一帯に、厚さおよそ一メートルにわたり広がっていた。私たちはその年、ここで脊椎動物の化石を発見したが、それらの動物がこれほどの標高で生活していたわけではないことは間違いなかった。およそ二〇〇万年前にヒマラヤ山系が大きく隆起した時に、それらの化石も持ち上げられたのだろう。

一五日にわたる発掘調査により、私たちは年代確定に必要なサンプルを収集した。それによれば、この地層は中新世後期に属するものらしい。そこでは、ガゼル、レイヨウ、三指のウマ（ヒッパリオン）、ブタ、さらにはサイ、キリン科の動物、ネコ科の動物、イヌ科の動物の化石が驚くほど大量に発見された。巨大なハイラックスの化石さえあった。また、メソピテクスらしきオナガザル科の霊長類も見つかった。これらはいずれも、七〇〇万年以上前に生息していたようだ。

この一九七七年の調査により、研究者は先入観に踊らされてはならないこと、調査が無駄だという証拠が出るまで調査をあきらめるべきではないことが証明された。だが、このようなことを証明する必要があるのだろうか？　このエピソードは、末長く私の心に刻み込まれた。そしてそこからある教訓を引き出した。古生物学者であれば、支配的な学説に反対の立場であっても、自分の信念に従って調査を行うべきだということだ。見捨てられた土地や半ば採掘された土地であっても、必要であれば発掘を行ったほうがいい。学界から反対され、成功するはずがないとののしられても、古生物学を発展させるためには果敢に挑戦したほうがいいのだ。

その後、一九七八年五月から再び発掘調査が計画されていたが、戦争のためにそれどころではなくなってしまった。カブールに到着して数時間後に、大砲や戦闘機による爆撃が始まったのだ。空港は瞬く間に集中砲火を浴び、私たちは何の情報も与えられないまま、ある建物に幽閉された。訳のわからない罠にかかってしまったような気分だった。幽閉は数週間続き、あらゆる活動が禁じられた。もちろん調査など論外である。やがて外国人として厳重な警戒のもとで王宮へ移動させられ、食料や酒類が大量に保管された冷蔵庫のある部屋に滞在するよう命じられた。それから数日後、突然に将校から、プリチャクリ地区で調査を始めてもよいとの通達があった。おそらく新たに権力を手にした勢力が、絶好のチャンスを利用しようとしたのだろう。プリチャクリ地区には、反対者を拷問にかける悪名高い刑務所がある。フランスの科学者にその近隣の調査を許可することで、その刑務所にまつわる不名誉を打ち消そうとしたのだ。私たちは軍人が監視する中、敵意をむき出しにした村人から罵声を浴びながら発掘を行った。夜も、見張りの兵隊たちが私たちの部屋の扉の前で横になっていた。しかしそんな環境の中でも、大型哺乳類や小型哺乳類の有望な化石を発見することができたのは幸いだった。

収集した化石資料を比較・研究した結果、次のような結論が導き出された。それは、アフガニスタンの動物相と、パキスタンのシワリク丘陵に見られる同時代の動物相との間には、共通する種がひとつもないということだ。両者は数百キロメートルしか離れていないのにである。この隣り合った二つの領域間で、何かがあったのだ。しかし何があったのだろう？　政治的境界線の両側で、なぜ動物相が異なるのだろう？　両国の間には、有名なカイバル峠の南にスレイマン山脈がある。しかしこれも、動物の行き来を妨げるほどのものではない。この謎を解明するためには、ほかの地点を調査するほかない。もっとも可能性が高いのは、プレートテクトニクスによる仮説だろう。かつてインド亜大陸はアジア大陸から離れていた。それが次第に北進してアジア大陸にぶつかり、ヒマラヤ山系が形成された。そのため、八〇〇万年前のインド亜大陸とアジア大陸では風土の差が大きく、両者の間で動物相が異なったのではないかというものだ。しかしこの仮説には問題がある。たとえばシカ科の動物である。アジア大陸原産と思われるシカ科の最古の化石は、三五〇〇万年以上前のものである。それ以後シカ科の古代種は、さまざまな気候に適応し、瞬く間にアジア大陸全域に生息域を広げたが、インド亜大陸に棲みつくことはなかった。その周囲では至るところで生息が確認されていたにもかかわらず、インドに進出を始めたのは、ちょうどヒマラヤ山系が大きく隆起した二〇〇万年前からなのだ。このような現象が起きた原因については、今のところ何もわかっていない。一方、アフガニスタンの動物相は、多くの点でイランやギリシャの動物相と共通している。これらの地域全体が、同じひとつの生物地理区に属していたのかもしれない。古生物学者はこの地域を、グレコ＝イラノ＝アフガン生物地理区と呼んでいる。

ソ連による占領、私たちのささいな行為や言動さえ管理しようとする高官たちの裏工作、国を揺るがす激しい戦闘。このような状況にあっては、これ以上調査を進めることはできなかった。アフガニスタンとパキスタンの動物相の相違については、現在でもまだほとんど解明されていない。こうして私たちはアフガニスタンを後にした。それ以来、アフガニスタンを訪れたことはない。アフガニスタンにはまだまだ数多くの古生物学的資料が隠されているに違いない。それをいつまでも調査できないというのは、計り知れないほどの科学的損失と言えよう。それでも私は、科学者として独裁政権の支援を受けることはできない。研究のためとはいえ、人々が苦しむ姿を見ていられるだろうか？

アフガニスタンで最後の調査を行った一九七八年は、いわばパリ＝カブール間を一週間で往復しただけの年だった。そのころイラクのハムリン盆地では、国立自然史博物館の調査団が、モラヤンと同時代の地層の発掘を行っていた。アフガニスタンとイラクは地理的にも近く、動物相も類似している。八〇〇万年前の両地域の関係を解明するためにも、イラクでの詳細な調査は必要である。そのため私も、一九七九年一一月、エミール・アンツと若き古生物学者セヴケト・センとともにバグダッドへ向かった。そこでの調査は、アフガニスタンで得た結論を裏づけるものだった。やはり、パキスタンの動物相とアフガニスタンやイラクの動物相との間には、はっきりとした分類学上の相違があるのだ。しかし、ここでもまた私たちは人間の愚かな行動の犠牲となった。イランとの国境地帯にあるカナキンという町で短期間牢屋に入れられた末、バグダッドに連れ戻され、国外退去させられたのだ。とはいえ、結果的には運がよかったと言える。イラン・イラク戦争が始まったのは、その二四時間後のことだった。

そして西アフリカへ

そのころ私は、パキスタンのラワルピンディでデヴィッド・ピルビームと出会った。そしてピルビームと話し合いを重ねるうちに、新たなプロジェクトが生まれた。当時は、ラマピテクスが最古のヒト科だと考えられていた。ところが、ピルビームの研究や新たな発見（特に顔面部分の骨）により、ラマピテクスはヒト科ではなく、シバピテクスのメスであることが証明された。シバピテクスとは、中新世に生息していたオランウータンの近縁種である。オランウータンは、ボルネオ島やスマトラ島の住人から現地の言葉で〝森の人〟と呼ばれているが、実はヒト科の仲間ではなく、オランウータン亜科に属する。アフリカ類人猿（ゴリラやチンパンジー）やヒト科とは兄弟関係に当たる（口絵：分子生物学から見たヒト科の類縁関係図参照）。ラマピテクスの華奢な特徴がヒトに似ていたため、誤解を生んでしまったのだ。

ラマピテクスが古代のヒト科であろうが類人猿であろうが、私の考え方が根本的に変わることはなかった。私はこう考えていた。理由はわからないが、パキスタンの動物相とアフガニスタンの動物相が異なっている以上、東アフリカと西アフリカとの間にも同じような現象が起きていたとしても不思議ではない。しかしまずは、それが事実なのかどうか確認してみる必要があるのではないだろうか？

古人類学界全体が、人類の発祥地は東アフリカだと推測していた。一九八〇年代といえば、人類博物館の教授だったイヴ・コパンがルーシーを発見し、〝イーストサイド・ストーリー〟という古代のシナリオを提唱していたころだ。そのような状況の中、私はピルビームとともに、大地溝帯の西側を調査することに決めた。何も見つからないかもしれないし、見つかったとしてもせいぜいがパン科（チンパンジーの仲間）の祖先ぐらいかもしれない。しかし、運よく古代のヒト科を見つけることができれば、人類の発祥地について再検討を迫ることになるだろう。科学を進歩させるには、主流に対抗する大胆で無鉄砲な行動が必要なのだ。誰もが同じ方向の研究しかしなければ、事態を打開していく能力は著しく減退してしまう。私には、本当に満足のいく答えを出せないまま研究を放棄せざるを得なかったアフガニスタンの苦い経験があった。

当時は、大地溝帯の西側を調査する学者は一人もいなかった。それでも、大地溝帯の東側と西側の生物地理学上の関係を科学的に確認する必要があることに変わりはない。私たちには、東アフリカの原初サバンナで人類が生まれたという仮説を科学的に確認する義務がある。科学を発展させるには、反対者が必要なのだ。ヴィクトル・ユゴーも「科学は科学により書き直される」と言っているではないか。

そうと決まれば、あとはこの調査に地質学的に適した地域を探すだけだ。つまり九〇〇万〜四〇〇万年前の堆積層のある地域である。確実な候補地はいくつかあったが、私はチャドに行きたいと思った。チャドでは、イヴ・コパンとフランスの水理地質学者から成る調査団が、一九五九年に第四期の哺乳類の化石を、一九六五年にヒト科（チャダントロプス・ウクソリス）の化石を発見していたからだ。しかし戦争のためチャドには入国できなかった。残るはカメルーンである。カメルーンのアダマワ高地は、火山環境という化石発掘に適した特徴を備えていた。それに、ポワチエ大学はカメルーンと交流があり、地球科学や宇宙科学を勉強するカメルーンの学生や研究生を受け入れていた。こうしてカメルーンとの共同研究プロジェクトがスタートした。一九八四年三月には予備調査団が組織され、フランスとカメルーンの共同調査の口火を切った。これがＰＩＲＣＡＯＣ（カメルーンにおける西アフリカ新生代研究国際プログラム）である。

フランスの中央高地の熱帯版とも言うべきアダマワ高地で、発掘が始まった。ところが、間もなく調査団はすっかり幻滅してしまった。魚や昆虫は見つかったが、哺乳類が見つからなかったのだ。小型の脊椎動物さえ出ない。ヒト科などもってのほかだ。調査団の一人が、発掘現場のそばを流れる川にpH試験紙を浸けてみると、かなりの酸性である。酸性の水が、そこに残っていたはずの哺乳類の骨を浸食し、溶かしてしまったのだ。そこで次の調査の際には、ほかの地溝に移動して発掘を行った。だが、発見された化石はいずれも時代が新しすぎたり古すぎたりするものばかりで、人類の発祥地に関する問題を多少なりとも解決できるような発見はなかった。

そのころは、長い間砂漠を横断しているような心境だった。迷いの時期だったのだ。もうあきらめるべきなのか？　研究の方向性をどちらへ向ければいいのか？　発掘調査プロジェクトは目標にほど遠い結果しか出せていない。そんなプロジェクトを当局に支援してもらうにはどうすればいいのか？　今にして思えば、その当時私が、ポワチエ連合区に含まれるある田舎町の政治に、積極的に取り組んでいた理由がわかる。自分がコミュニティにとって有用な人間だと実感したかったのだ。私は二〇〇四年間、近隣の町の政治に無報酬で参加した。それは、もっとも崇高な意味での政治であり、党派的な繋がりがあったわけでも権力を望んだわけでもない。この活動によってこの地域の問題点を話し合い、この地域の未来を築き、地域住民のために奉仕することができた。だからこそ、研究面でしばらく何の成果も出せなかった自分を許すことができたのだ。だがアベルの発見以後、急に忙しくなり、思うように政治に時間を割くことができなくなった。そこで、自分の時間の半分しか政治に捧げられないぐらいならと、やむを得ず政界から身を引いたのだった。

私はもともと粘り強いたちだ。というより頑固なのかもしれない。いつかチャドに行くという夢をあきらめたことは一度もなかった。チャドが位置するアフリカ中央部は、北アフリカ、南アフリカ、東アフリカが交錯する、地理的に見てきわめて興味深い場所なのだ。首都ンジャメナの政治情勢がようやく落ち着きを取り戻した一九九二年、私はついに国立研究支援センター（CNAR）経由で、チャド当局と連絡をとることに成功した。CNARとは、フランス大使館文化活動協力課（SCAC）との緊密な協力のもと活動を行っている研究支援機関である。やがて私は、CNARの要請を受け、ンジャメナで一般大衆向けの講演会を二度行うとともに、研究会を開催した。カメルーンの地質・鉱山研究所（IRGM）の地質学者とチャドの地質・鉱山研究局（DGRM）の地質学者が一堂に会する研究会である。両国の地質学者は、共通の地質構造に関する研究を行っていながら、これまで意見交換を行ったことが一度もなかったらしい。この研究会は、発掘プロジェクトの前進に決定的な影響をもたらした。一九九三年末、ポワチエ大学の私のもとへ一本の電話がかかってきた。北緯一六度線以北の調査許可がついに下りたのだ。

一九九四年、アオゾウ地帯（チャドの北端にあるリビアとの国境地帯）を占領していたリビア軍が撤退した。もはやその辺りに軍靴の響きはない。調査への道が開かれ、私はようやくすっきりとした気分を味わった。記録によれば、一九五九年にジュラブ砂漠北部で脊椎動物の化石の存在が確認されているという。一九九四年に入ってからも同じ地域で、あるフランスの水理地質学者が大型動物の顎骨を発見したとの報告がある。私は、この地質学者を北部に案内したというガイドを見つけた。それがマハマットである。マハマットがいなければせっかくのこの計画も頓挫していたことだろう。地元の遊牧民のずば抜けた方向感覚に頼らなければ、広大なサヘル地方で骨片を探すことなど事実上不可能だからだ。マハマットは、私たちを案内して砂漠を走るうちに、次第に興奮してきたようだった。その頭には、きわめて正確な地図が刻まれているらしい。ふとマハマットは、運転手に車を止めるよう合図した。そして車を降りて走り出すと、ひざまずいて砂をかき、何もないところからサイの下顎骨を発見した。私がジュラブ砂漠で初めて出合った化石である。

それは、私の期待をはるかに上回るものだった。この一〇年間、期待に胸をふくらませながら、あるいは疑念に胸を苛まれながら、粘り強く調査を続けてきたが、何も見つからなかった。しかし今ようやく、四〇〇万〜三〇〇万年前の化石を発見したのだ。私たちはこの地点に留まり、二週間調査を行った。その成果はカメルーンとは大違いだった。調査団はここで、アダマワ高地の昆虫化石よりもはるかに見栄えのよい大型イノシシやゾウの歯など、大型の化石を発掘した。こうした化石が見つかるのは、チャドの砂漠が最近できたものだからだ。五〇〇〇年ほど前まで、一面砂だらけのこのサヘル地方には、チャド巨大湖が広がっていた。湖沼や湿地が四〇万平方キロメートルにもわたって広がり、森林やサバンナを縫って河川が流れていた。しかし、やがて現在見られるような乾燥化が進み、チャド湖はおよそ五〇〇〇平方キロメートルにまで縮小し、かつて湖だったところは砂漠に覆われてしまったのだ。あの化石化したサイが生きていたころは、この巨大湖が存在していたに違いない。当時、このとてつもなく大きな湖のほとりには、どんな動物が生息していたのか？　三〇〇万年前、ヒト科はその動物たちと生活をともにしていたのだろうか？　私はその時、一九七七年にアジアから始めたこの長い道のりが、ここで終わりを迎えるような予感がした。

それから数ヵ月後、詳しい分析のためポワチエ大学に送られた化石資料を調べた結果、その予感は確信に変わった。私たちが発掘したのは鮮新世（三五〇万〜三〇〇万年前）の化石だったのだが、その動物相が東アフリカの動物相と驚くほど似ていたのだ。しかし、チャドの動物相には欠落している重要な動物があった。ヒト科である。これほど動物相が類似しているのであれば、ヒト科もどこかにいたに違いない。私はこの分析結果を受け、東アフリカだけが人類の発祥地なのではないと確信するに至った。しかし調査団が冷静な判断を欠くことのないように、この結果については何も公表しないことにした。まだほかにも手がかりが必要だ。一九九五年の発掘調査を計画したのは、こうした考えに基づいてのことだった。そしてその調査で、アベルを発見することになるのである。

4

古生物学の調査とは?

古生物学がいかに夢をもたらす学問だとはいえ、古生物にかかわる論説を勝手に作り上げるわけにはいかない。古生物学の場合もほかの自然科学と同様、専門的な知識に加え、多分野にわたる知識が必要となる。失われた世界を再構築するには、解剖学的能力を駆使して化石を識別するとともに、多分野にわたる分析能力を働かせ、地球環境に沿った形で過去の世界を予測しなければならないからだ。また、理論を現実にあてはめる演繹的能力と、新たな発見があればこれまでの理論を改める帰納的能力の双方が必要になる。これもまた、ほかの自然科学と同じである。そしてさらに、議論能力とともに謙虚さも身につけなければならない。これもまた、ほかの自然科学にもあてはまることである。しかし、古生物学の研究には、ほかの自然科学以上に、きわめて人間的な側面がある。その調査はしばしば、過酷な環境の中で行われる。砂漠をともに探検する仲間同士が、緊密に連帯し合わなければならない。私はその中で起こる化学反応が好きだ。

人類の起源の第一章までさかのぼるためには、科学的論拠が欠かせない。とはいえ、私の場合、直感に頼って決断したこともなかったわけではない。私は、アフガニスタンからイラクやカメルーンを経由し、二〇年をかけてチャドにたどり着いた。その過程で、それぞれの場所で見つけた化石を手がかりに、中間的な結論を出し、ある仮説を捨てては別の仮説を取り上げ、それに従って研究を新たな方向へ導いていった。本来、研究とはそういうものだ。しかし、それだけでチャドにたどり着けたわけではない。人間のあらゆる活動が証明しているように、心の底から確信していれば道は開かれる。私にもその確信があったからこそ、この長い道のりがゴールに繋がっていると信じ、あきらめずに研究を続けることができたのだ。そもそも私の調査期間はたかだか二〇年に過ぎない。ルイス・リーキーは、タンザニアのオルドバイ渓谷で三〇年近くうまずたゆまず発掘を続けて、ようやく一七〇万年前のパラントロプス（ジンジャントロプス）・ボイセイの頭蓋骨を発見したのである。この粘り強さには頭が下がる。それに比べれば、私は運がよかったのだろうか？　だがそんな言い方は好きではない。だいたい基礎科学に〝運〟など存在しない。単なる運だけで、フランスの国土よりも広い地域から、一片の古代のヒト科の化石を発見することなどできるだろうか？　そう思うのは、よほどの世間知らずか嫉妬深い人間だけだ。しかるべき科学者であれば、私がいくつもの候補地を選び出し、何度も新たな方針を立て直し、さまざまな道を切り開いていったからこそ発見できたことを理解してくれるだろう。だがそれよりも大切なのは、必ず発見できると信じ、探索を続けようとする気持ちである。私の調査団の中には、その事実を理解していない者が少なくとも一人いた。先に述べた地理学者である。この男は、この狭く急な坂道を一歩一歩登っていくことができなかった。失敗から推論を重ね、目的物を捕らえる網を徐々に狭めていくというこの長い試練に耐えることができなかった。これからたどるべき道は、これまでたどってきた道より短いはずだと言われても、待っていられなかったのだ。そもそもこの男には、古生物学者にとって大切な意識が欠けていた。成功をもたらすのは常にチームであり、決して個人ではないという意識である。しかしこの事件もまた、古生物学がもつ人間的な側面のひとつと言えるだろう。人間には、美しい魂の持ち主もいれば、偏狭でさもしい精神の持ち主もいる。高潔な人もいれば、逃げ腰の人もいるのだ。

本章では、こうした調査団の仕事について記してみたい。個人的な主観もあるだろうが、そこはご容赦願いたい。二一世紀のホモ・サピエンスたちは、人類の起源、チンパンジーとヒトの最終共通祖先を求め、どのような情熱を抱き、どのような作業を行っているのだろうか?

歯を求めて

私の調査団の目標は、単純かつ大胆なものだった。大地溝帯の西側で古代のヒト科を探すという目標である。調査の全体的な方針が固まり、調査する国を決め、秋から春にかけての気候条件のよい期日を選んだら、あとは発掘に最適の場所を探すだけだ。その判断基準は、調査対象に応じて変わる。

第四紀の調査、洞窟壁画の調査、島嶼《とうしょ》型進化の調査では、それぞれ調査する場所が異なるのは当然だろう。発掘場所を特定する際には、多くの手がかりが利用できる。数々の文献、ほかの科学者が行った調査、堆積盆地の地史、石油探査技師や水理地質学者が行ったボーリング調査、衛星画像などである。しかし、それに負けず劣らず、いくばくかの知的大胆さや直感、既存の考え方を覆そうとする意志も大切である。反論の余地のない意見でも、常に疑ってかかったほうがいい。たとえば、鉱山技師や水理地質学者がある場所で調査を行い、一片の化石も見なかったとしても、その辺りに化石がないとは言い切れない。そういう場合はたいてい、彼らが探査を行ったごく狭い地点にたまたま化石がなかったというだけなのだ。もともと古代のヒト科の化石はきわめてまれで、簡単に見つかるものではない。しかも、調査団の人数は限られている。だから、早く結果を出すためには、化石を埋蔵している可能性の高い土地を集中的に探すことになる。しかし、どの調査団もある特定の地域ばかりを調査しているからといって、そのほかの地域を発掘しても意味がないということにはならない。

衛星の発明は、私たちの職業にも大きな影響を及ぼした。発掘予定の地層の高画質画像があれば、古生物学者が調査の準備をする際に大いに役立つのだ。私がこの研究を始めたころは、まだ原稿を謄写版の原紙にタイプしていた。それを思うと隔世の感がある。現在私のもとで研究している若い学生から見れば、私など先史時代の遺物も同然だろう。テクノロジーの絶え間ない発展には目を見張るばかりだ。

しかしジュラブ砂漠の場合、ここ一〇〇〇万年に堆積した地層は、プレートテクトニクスの影響を受けておらず、地平線下に埋没している。そのため、広大な化石層が露出しているところもあれば、そうでないところもある。地質断面図がないため、実際に行ってみなければわからない。

発掘場所を見つけたら、綿密かつ合理的な調査を行う。砂漠の真っただ中にある地層は、どのような状態にあるのかわからない。古生物学者は、何事にもくじけない忍耐強さで、このきわめて広大な場所を調査しなければならないのだ。こうして古生物学調査にお決まりの仕事が始まる。〝砂漠ローラー作戦〟である。三人、四人、五人、六人、あるいはそれ以上の調査団のメンバーが、肩と肩を突き合わせて横一列に並び、四つん這いになり、地面に目を釘づけにする。そして化石層の砂を払い、その砂をふるいにかけながら、前に進んでいくのである。それなりの成果があるとはいえ、何と大変な作業だろう。古代のヒト科の歯一本のために、何百トンもの砂と格闘しなければならないのだ。すれ違う遊牧民たちはいつも、白ヒゲをたくわえたいい大人が、このようなおかしな行為に時間とエネルギーを浪費している様子を呆然とながめている。この途方もない作業を手伝ってもらおうと、遊牧民から人手を調達しようとしてもなかなかうまくはいかない。誰も、このようなばかげた仕事にかかわりたがらないのだ。

大きなはけで上層の砂を取り除き、バケツやふるいや選別器を使って、歯や小型哺乳類の化石を探す。こうした作業を何トンもの砂を相手にひたすら繰り返す。その効率はと言えば、一〇〇トン以上の砂をふるいにかけて、ようやくげっ歯類の歯の化石が一〇個ほど見つかる程度である。

古生物学者にとって、歯はこの上なく貴重な宝である。歯は、骨の中でもっとも硬い部分であり、時間などの侵食に耐えられる可能性がきわめて高い。しかも哺乳類の場合、歯さえ残っていれば、その個体を識別することができる。監察医がテロや飛行機事故の犠牲者を特定したり、科学警察が犯罪捜査を進めたりできるのは、歯のおかげである。その歯は、古生物学でも中心的な役割を演じている。

古生物学も、何百万年前に死んだ個体の身元を明らかにするという点で、警察の捜査に通じるものがあるわけだ。いつかたった一本の歯から、いまだ知られざるヒトとチンパンジーの最終共通祖先が発見されるかもしれない。歯にはそれだけ無数の手がかりが隠されている。たとえば、化石の哺乳類を特定したければ、たいていはその第二大臼歯を見ればわかる。第二大臼歯は、ほかの二つの大臼歯ほどに変化がなく、その哺乳類の特徴をはっきり示しているため、特定の科に結びつけたり分類したりしやすいのだ。このように、歯冠の形、咬合面の咬頭（歯の咬合面にある隆起）の数や形や位置、歯根の数や長さ、エナメル質の厚さを調べれば、種やその食性を判別することが可能である。犬歯を見ても、科、食性、性によりその形は異なる。類人猿の場合、一般的にオスのほうが大きく、尖っている。一方ヒト科の犬歯は、より均整で門歯のような形をしており、類人猿ほど大きくなく、性差も小さい。歯から得られる情報はそれだけではない。歯の位置や大きさや数、あごの形（突顎か正顎か、U字形か放物線形か）を見れば、その哺乳類の進化の程度がわかる。エナメル質の厚さ（ゴリラやチンパンジーは薄く、先史人類や現代のヒトは厚い）やその組織学的な構造、歯冠の形や高さ、咬合面の形を確認すれば、その動物の食性が把握できるため、その動物の生態的地位やその場の環境条件を類推することも可能だ。エナメル質の成長が停止しているなどの病変（形成不全あるいは異形成）が見られれば、まだ幼いころに、ストレスか病気（熱病や栄養不足など）に苛まれたと考えられる。三五〇万年前に生息していたアベル（アウストラロピテクス・バーレルガザリ）がまさにそうだ。また、歯髄は生きている間にだんだん小さくなっていくため、歯髄の大きさから、その個体が死んだ年齢を推測することもできる。何百万年経っても可能なのである。私の講演を聞きに来た学生は、アベルといっても下顎骨の一部と数本の歯しかないのを知ってがっかりしているようだが、古代人類史においてこれ以上に信頼性のある証拠はない。納得できないのであれば、私たち現代人の歯について考えてみてほしい。現代人には、およそ四〇〇〇万年前に現れた類人猿と同じ三二本の歯がある。当然ヒトとチンパンジーの最終共通祖先の歯も三二本だったはずだ。ヒトとチンパンジーはその後分岐し、以来、絶え間なく進化を続けても、この共通の特徴を保ってきた。しかし、いつもこうなるとは限らない。現代の子供の大半が、歯列矯正具の恩恵を受けている。また、誰もが親知らずを抜歯している。それはなぜか？　ヒトが何千年もの間に絶えず進化し続けているからだ。ヒトの頭部は徐々に小さくなっている。十分に発達した頭蓋に反して縮みつつある。そのため、現代人のあごは狭すぎて、先祖から受け継いだ三二本の歯が生えるだけの十分なスペースがないのだ。いずれ親知らずがなくなり、歯が二八本しかなくなるということもあり得ない話ではない（すでにそういう人もいる）。兄弟グループであるチンパンジーが、今のところ先祖の特徴を保持しているのに対し、ヒトの歯が三二本から二八本になれば、それは、進化した現代人から派生した特徴ということになろう。

このような進化は、社会や文化による反自然的な行為から、どの程度の影響を受けるのだろうか？　たとえばネコを取り上げてみよう。ネコは肉食性の歯をもっている。生きた動物の肉を切り裂くためだ。ところが西洋諸国のネコは、企業の専門家たちがネコ用に考案したペースト状のえさを食べているため、もはや歯を使用していない。都会に暮らすネコの間では、虫歯や歯石、歯根の露出といった症状さえ出始めている。こうした事態が何千世代と繰り返されれば、やがて家ネコの歯やその並びも変わっていくのではないだろうか？

それはともかく、こう考えると、古生物学者は歯に詳しくなければならない。私たちの研究に口腔外科医を参加させることがあるのはそのためだ。たとえば、ポワチエ大学医療センターのピエール・

フロンティは数十年来、口腔外科医、口腔病学者、法医学の専門家として、研究室や砂漠で私たちのチームに協力してくれている。古生物学者はまた、骨、あるいは骨と筋肉との付着の仕方に精通していなければならない。発見した骨の断片から必要な情報を引き出すには、解剖学の素養が不可欠だからだ。そのため、骨しか残っていないような変死体が発見され、監察医にも身元を判断するのが困難な場合、警察が古生物学者に助力を求めてくることもある。私自身、警察からの要請に応じ、研究所のメンバーと協力し、ごく断片的な遺骸から犠牲者の性や年齢を調べたことがあった。人間の場合、男と女の違い（性的二形）が顕著な骨がある。たとえば、女性の骨盤は大きく、広がっているのに対し、男性の骨盤は狭い。しかし、この性差は進化とともにかなり小さくなっており、女性の骨盤が男性の骨盤と、あるいは男性の骨盤が女性の骨盤と同じような特徴をもっている場合もある。監察医が古生物学者の知恵を借りるのは、こうしたささいな違いを見分けるためだ。

発掘の話に戻ろう。新たな化石の発掘場所を見つけたら、その場所に番号をつけてほかの場所と区別するとともに、GPSを使用して正確な緯度と経度を測定する。辺り一面砂漠だからだ。この場所の近くに、また新たな化石の発掘場所が見つかったとする。この場所は、先の場所と同じ地層なのだろうか？　同じ年代なのか？　この段階で正確に判断することはできない。現場では、双方の動物相を比較しても、進化の程度に相違があるかどうかをただちに見極めることはまず無理だ。したがって、基準となる生物に基づいて正確な年代を特定することも、異なる二つの地層の時代的相違を判別することもできない。そういう場合は、異なる年代の動物の化石がごちゃ混ぜにならないように、発掘場所ごとに番号をつけて管理する。そうしておけば、研究室に戻ってからでも、化石の出土した場所に応じて区別し、そのほかの何千もの化石と比較することが可能になる。奇妙なことと思われるかもしれないが、まずは分けて考えるべきなのだ。そうしておいて、後に同年代の二つの動物相を結びつければいい。発掘時に化石を共通の特徴や年代でまとめてしまえば、さまざまな地層から出土した化石標本が混じり合い、それを区別することは事実上不可能となる。化石の発掘場所や地層（地質学的に見た時系列上の位置）がわからなければ、間違いなくその化石の科学的価値は永久に失われてしまう。そのため現場では、十分な計画と理性的な行動により、化石標本の出土場所を明確にしておかなければならない。地域によっては、数百キロメートルもの範囲内に一〇〇ヵ所ほど発掘場所が散在しているところもある。それらの発掘場所で発見された化石の年代が、何百万年単位で異なることもあるのだ。こんなふうに書くと簡単なことのようだが、決して簡単なことではない。調査中に出会う遊牧民に絶対に理解させることができないのも、この点である。遊牧民たちは、私たちが喜ぶと思ってか、道中で見つけた化石を私たちにプレゼントしてくれる。〝歓迎の贈り物〟というわけだ。しかしその出所を突き止めることはもはや不可能なので、私たちはそれを受け取らないようにしている。特に、あの類いまれな化石層でアベルを発見した後には、チームのメンバーに、遊牧民の前ではあらゆる収集作業を控えるよう命じている。遊牧民たちに骨片を拾わせないようにするためだ。彼らが骨片を拾えば、人類史を跡づける証拠が永久に失われてしまう。化石は唯一無二の証拠物として、芸術作品のように扱わなければならない。それは、出土国の文化遺産であると同時に、人類史を明らかにする人類全体の文化遺産でもある。そういう意味で、もっと大切に扱われるべきものなのだ。化石の売買を禁じるべき理由もそこにある。現状では地方政府が展示即売会などを通じ、化石の売買を援助・奨励している例があまりに多い。収集家にこの問題の大きさを理解させるようにさえすれば、このかけがえのない自然遺産を保護する方法はいくらでもあるだろう。

日が暮れてその日の化石の収集作業を終えたら、毎晩メンバー全員が共通のテントに集まり、そこにしつらえた大きなテーブルにつく。出土した場所に応じて出土品に番号をつける作業を行うのである。その際、丈夫そうな化石はやわらかいトイレットペーパーで包む。アフリカ諸国では大量に新聞紙を使うことができないからだ。また、もろくて崩れそうな化石は接着剤で補強する。そして、発見したすべての化石をトランクにしまい、後日の分析に回すのである。この作業の時間は、実に和気あいあいとしたものだ。メンバーそれぞれが調査の進展を喜び、発見物に対する驚きの言葉や質問を発する。見本のないこのジグソーパズルを組み立てるためにさまざまな仮説を練り上げ、それをふくらませたり、反対の意見を提示したりする。またじっくり観察し、手触りを確かめ、手の上に載せて重さを量ってみたり、過去の経験を振り返り、似た化石がなかったか思い出そうとしたりする。一人で考え、ある確信に至ったとしても、大勢で議論すれば考えが変わることもある。太古の風景を再構成し、人類の起源という難解な謎を解き明かすには、利用できるかぎりの資料や情報を駆使する必要があるのだ。

ジュラブ砂漠では、同じ地平から出土した化石はいずれも、地質学的に同じ年代に属している。また、アベルが発見された場所もトゥーマイが発見された場所も、風砂の層、硬い砂岩の層、粘土質の層、ややもろい珪藻岩の層が繰り返し堆積した地層構造になっている。大まかに言えば、湿潤期と乾燥期が交互に積み重なっているのだ。この周期的構造からすると、この辺り一帯が、ある時期には湖になり、ある時期には川になっていたのだろう。砂岩層は川の名残りであり、粘土層や珪藻岩層は湖の名残りなのだ。五〇〇〇年前にはまだチャド巨大湖があった。そこには幾多の河川や湖沼が広がり、この地特有の自然体系を形作っていた。チャド、スーダン、ナイジェリア、カメルーン、ニジェール、中央アフリカといった政治的国境を越え、小川や湿地が網の目のように広がり、サバンナと森林がモザイク状に連なっていた。その広さは四〇万平方キロメートル、フランス国土の八〇パーセントに相当する。この水と大地が交錯する広大な堆積盆地で、無数の動植物が化石化していったに違いない。そう考えると、チャドは類いまれな発掘場所と言える。だから私はチャドを選んだのだ。

仲間を求めて

直接現場に赴き、その地層の状態を十分に把握しなければ、知識を向上させることも、気候と環境と種の相互作用を理解することも、動物相を解き明かすこともできない。化石の発掘ができないことは言うまでもない。だからこそ、現場へ出かけるべきなのだ。それなのに、ごく少数ながら、研究室から出たがらない研究者がいる。こうした研究者は、他人が発掘した化石や、引き出しの中に眠っている標本、あるいは化石の複製をもとに研究を行っている。人類の起源をこのような方法で探究するのは、私のやり方ではない。まったく反対である。

私たちの研究にはまだ化石が足りないのではないか？　私はそう切実に感じている。つまり重要な情報が足りないのだ。現在の古生物学は、世界の至るところに保管されている化石資料を重ねて研究することが多い。それ自体は悪いことではない。テクノロジーの進歩により、これまでにない補完的な情報を引き出せるのなら、すでに調査済みの化石を再び分析してもいいだろう。ピルトダウン人の捏造が発覚したのも、その骨を再度分析したからにほかならない。しかし、それでもやはり古生物学には、さらに多くの現場の証拠が必要なのだ。私にとってこれは職業意識の問題でもある。もちろん、かつての〝古生物学の黄金時代〟に戻ることを望んでいるわけではない。当時は、一部の有名な古生物学者に雇われた化石ハンターが、好き勝手に振る舞っていた。アメリカの極西部地方には、恐竜の化石を奪うためには拳銃を振り回すことさえ辞さない者もいたという。私の持論では、どんなに重要な化石であれ、化石は誰のものでもない。発見したチームにかかわりなく、あらゆる化石資料を誰もが研究できるようにすべきだ。ただし、発見したチームが徹底的に調査を行い、その成果を公表してからの話である。どの研究者にも、自分が提供した資料により知識を向上させる権利があるからだ。しかし、化石資料を共有するだけでは十分でない。私は、発掘調査の費用も分担し合う必要があると思う。化石資料はなかなか見つからない。先史人類の骨となるときわめてまれなため、かなりの経費がかかる。想像を絶するほどだ。私が先史人類の探求を始めてから、最初の化石標本を発見するまでに、二〇年の歳月が流れていることを考えてほしい。それはともかくとして、こうした化石を調査する権利が欲しければ、まずは現場に出かけ、自分で化石を探すことだ。ロアリング・フォーティーズ（南緯四〇～五〇度の激しい時化が発生する場所）の恐ろしさは、それを経験した船乗りにしかわからない（私はその話をエリック・タバルリという優秀な船乗りから聞いた）。〝こもりきりの古人類学者〟にも、他人が発掘する化石を研究室で待つのではなく、ぜひ現場に足を運び、新たな手がかりを自分の手で収集してもらいたい。

私はチームのメンバー全員に、少なくともそれだけは行うよう要求している。そのため、私の研究室に所属する研究員、博士課程の学生、技術者は一人残らず、現地調査に積極的に参加している。三〇年来研究室の管理を担当し、チーム内の人間関係のまとめ役を務めている私のかけがえのない助手ギスレーヌ・フロランも、女性ながら砂漠での発掘調査に同行した。一ヵ月間、コンピュータや電話で情報を管理する仕事を離れてジュラブ砂漠に赴き、長い布を巻いた遊牧民のような姿で、化石発掘に汗を流したのだ。

この学問にかかわるのであれば、基本的にコンピュータ以外に何もいらないコンピュータ・モデリングの専門家であっても、砂漠の風や太陽、太古の砂岩に触れ、孤独の恐怖を体験したほうがいい。質量分析器を駆使し、炭素や酸素の安定同位体を調べる同位体生物地球化学の専門家も、研究室の外に出るべきである。私は、この自然主義的アプローチを断固として主張したい。分析化学や歴史科学を観察科学と融合させるのである。自然から離れた、閉ざされた不毛な環境の中だけで、自然科学の研究ができるとは到底思えない。古生物学の大学教授として、私はこのことを後輩たちに教え、伝えていかなければならないと切に思う。

しかし、調査団を編成するのはなかなか大変だ。科学的知識が豊富になるにつれ、調査にかかわる研究分野が進歩発展し、次第に専門化・多様化してきたからだ。長いあごひげを生やした学者が、布かばんを肩から斜めにかけて砂漠を歩き回っていた時代はとうに過ぎた。現代の調査では、さまざまな知識や技術が利用されるため、分野横断的な協力がどうしても欠かせない。実際、フランスの大学では研究分野が細分化され、分野間の壁、研究室間の壁が日増しに高くなっている中、古生物学は各分野間の架け橋を築いている。そうしなければ、古代の変わり行く生活環境に応じて古代のヒト科をとらえ、理解することはできないからだ。調査団には、一〇もの国々から六〇名ほどの研究者が集められる。古生物学者、古人類学者、古植物学者、花粉学者、堆積学者、放射性年代学者、古気候学者、衛星画像や医療用画像の専門家、解剖学関係の情報処理技術者、口腔外科医、化石病理学の専門医などだ。

さまざまな研究分野が発展するに伴い、私たちが利用できる技術的手段もこの五〇年で著しい発展を遂げた。たとえば一九六一年、ルイス・リーキーは、化石の上に積もった火山堆積物中の放射性カリウムがどれだけアルゴンに変化したかを測定させ、それによりアウストラロピテクスの年代を測定する方法を発見した。それ以来、絶対年代測定技術は驚くべき進歩を見せている。現在ではそのほか、ルビジウム―ストロンチウム法やウラン―トリウム―鉛法により年代を特定することが可能になった。アルゴンのさまざまな同位体の存在比により年代を判断する方法もある。火山岩がない場合、地層の年代の決め手になるのは粘土である。太陽風に由来するベリリウムの同位体が粘土の中にどれだけ残っているかを調べればいい。この最新の年代測定法を使えば、一〇〇〇万年前までの年代を特定することができる。四万年前までの年代しか測定できなかった炭素14による年代測定法と比べると、格段の差である。さらに古地磁気学者は、堆積物に記録されている地球磁場の連続的変化を調べ、相対的な年代を特定する方法を提案している。地球はN極とS極のある棒磁石のようなもので、これまでに何度も極性が逆転している（特に第四紀）。現代の磁力計を使って粘土を分析すれば、そこに記録されている磁力の向きがわかる。それが現在のように北を向いていれば極性は正常、南を向いていれば極性が逆転していたことになる。この一連の測定データを、極の正常期と反転期とを明らかにした古地磁気層序区分にあてはめれば、当の堆積物の相対的な年代を正確に割り出すことができる。

こうした最新技術のほか、生物年代学により相対的な年代を求めるという方法もある。これは、動物相の中に見られるさまざまな系統の哺乳類の進化の程度から年代を推測するもので、たいていはきわめて正確な年代が導き出せる。進化というのは、きわめて正確に時間を反映しているものだからだ。つまり、ある種の派生的特徴を、進化系統上の参照標本の派生的特徴と比較し、その種の年代を特定するのである。たとえば、ウマの祖先には指が五本あるが、現代のウマには一本しかない。発見したウマ科の動物の化石に指が三本しかなければ、祖先とは異なる派生的特徴を備えていると言える。指が一本しかないウマ科の化石が見つかれば、それはごく最近のウマ科の動物だということになる。こうして、五指の化石は歴史的に見てもっとも古い時間枠に、三指の化石は中間的な時間枠に、一指の化石は現代にもっとも近い時間枠に分類されるのである。進化の程度を比較する際には、進化系統がすでに解明されている動物が利用されるが、こうした進化系統や類縁関係を解明する際には、いつも最節約の原理が適用される。最節約の原理とは、もっとも簡単でもっとも無駄のない解決法が常に優先されるというものだ。ただし現実には、必ずしもそのように進化するとは限らない。

これまで生痕化石の研究といえば堆積学者の仕事だったが、最近では生痕化石専門の研究者が現れている。生痕化石とは、生物が生存中に残した構造物や痕跡が化石化したもので、シロアリの巣、クソムシの作る糞玉、二足歩行をしているヒト科の足跡などがそれに当たる。こうした構造物や痕跡を見れば、それを残した生物の種類、その生物の重さ、動き方、形態がわかる。また、花粉を観察・比較する古植物学という分野もある。花粉は時間に対する耐性がきわめて強く、大した損傷もなく何億年も生き延びることができる。花粉を見れば植物相がわかり、そこから環境や気候を類推することも可能だ。

古人類学者は、こうしたさまざまな研究分野の交点に立つ存在である。地球科学、生命科学、人間科学を結びつけ、人類史の解明にささやかな貢献をしている。私は、フランスの古生物学者の中では、多分野にまたがる教育を受けた世代に属している。私が専門的な研究を発展させていくことができるのも、こうした教育のおかげである。幅広い知識があれば、ある時には特定の分野を深く究め、またある時には別の分野の専門技術を用いて、自分の直感が正しいかどうかを判断することもできる。私たちの世代の古生物学者は、オーケストラの指揮者のようなものだ。演奏に必要とあれば、木管楽器や金管楽器、弦楽器や打楽器の奏者を集め、全体をまとめ上げることができる。このように私たちは、比較解剖学、堆積学、古気候学による分析、あるいは生痕化石や環境変化の調査など、さまざまなアプローチを通して、人類の起源、人類史の第一章を解明しようと努力しているのである。今ではそれに、動物行動学的なアプローチも加わった。遺伝学の驚異的な進歩によりヒトゲノムが解読され、ヒトのゲノムがチンパンジーのゲノムときわめて類似していることが明らかになった。その結果、ヒト上科全体（ゴリラやチンパンジーやボノボなどのアフリカ類人猿、先史人類、現代人が含まれる）の文化的行動の研究が注目されているのだ。

無数のささいな事実から判明した部分的な真実、堆積物（粘土や砂岩など）からもたらされる数多くの情報、動植物の化石、生物の痕跡……。それらを総合して初めて、誰もが認める唯一の真実を発見することができる。しかしそれは、つかの間の真実に過ぎない。新たな発見があれば、その真実も塗り替えられる。したがって調査に終わりもない。

こうしてさまざまな科学者による調査団が編成できたとしても、現地で好意的な援助が受けられなければどうにもならない。その国の受け入れ態勢も、きわめて重要な要素なのである。政府からの正式な招待さえあれば、ビザや調査許可証の取得、地元の科学者の動員、ジープやラジオの購入・レンタル、水や食料の調達が可能になる。砂漠に数ヵ月間滞在する準備をするには、物資を滞りなく集められる環境が必要なのだ。こうした受け入れ態勢の良し悪しは、調査を終えて帰国する際の作業や手続きにも大きな影響を及ぼす。チャドの場合、ポワチエ大学で教育を受けた助手二人がCNARに、同じく教育を受けた古生物学の研究者二人がンジャメナ大学古生物学部にいるため、現地で新たな専門家を養成することも、化石を処理することもできるようになった。実際、化石の大半はチャド国内で下処理が行われる。付着している堆積物を取り除き、長期間強度が持続するセルロース系接着剤で補修・補強するのだ。また、収集された堆積物を一粒一粒ふるいにかけ、双眼ルーペで小型哺乳類の歯がないかのチェックも行う。小型哺乳類とはこの場合、げっ歯類や翼手類（コウモリ）などを指す。常に忍耐強さと入念さが必要なこうした作業に、数ヵ月かかることもまれではない。そのほか、エラストマーや石膏で型を作り、樹脂で一〇〇分の一ミリメートルの誤差しかない複製を作成できるようにもなった。元の化石を直接扱うことを避けるためである。また、化石の動物の目、科、属、種に応じて、世界のあちこちに存在する参照標本と比較研究することも可能になった。ただし、高度な分析が必要な化石については、一時的な国外持ち出し許可をとり、フランスへ送られる。この場合、小型哺乳類であれば問題はないが、ゾウの骨を税関に通さなければならないとなると面倒な手続きが必要になる。こうして研究・調査を終えた化石はすべてンジャメナに戻され、CNARの古生物学標本資料部に保管される。今やCNARは私たちの仕事になくてはならない貴重な存在である。CNARがなければ、私たちの調査計画は永久に日の目を見ることはないだろう。

ところで、調査にはもうひとつ必要なものがある。ガイドだ。GPS並みに正確な記憶力をもち、砂漠の隅々まで知り尽くした案内人、曇り空でも正確に方向を見定めることのできる遊牧民、嵐の予感を感じ取ることのできる先導者である。当初の調査が成功を収めたのも、このガイドによるところが大きい。私は今でも、マハマットに出会った時のことを覚えている。一九九四年、チャドで最初の調査を行った時のことだ。そのしばらく前、私はフランスのある水理地質学者から、ジュラブ砂漠北部のどこかで大きな顎骨を見かけたという話を聞いた。その場所を知りたければ、ガイドをしてくれた人物に問い合わせてみるといいと言う。クバ・オランガに住むマハマット・ウェディという男である。砂漠のすぐ手前にあるクバ・オランガは、ほとんど砂の広がりの中に溶け込んでいるような村だった。荒壁の建物、屋根の低い家々、穴の開いた皮袋の吊り下がった井戸、騒々しい子供たちの群れ、白いあごひげをたくわえた老人たち。嵐の日には気づかないで通り過ぎてしまいそうな村である。そこで探している男について尋ねれば、きっと数名が名乗りを上げてくるはずだ。その中から目的の人物を見つけなければならない。しばらく村人と話をしていると、一人のラクダ引きが姿を現した。私はその身元を確かめるため、この男をガイドに雇ったという水理地質学者について、嘘の質問をしてみることにした。

「あごひげの生えたフランス人ですよね？」

「いいえ」。マハマットは答えた。

「背の高い人でしたね」

「いえ、小柄な方でした」。マハマットは訂正までしてみせた。

後に永遠の友となるこの白ターバンの男は、見事テストに合格した。しかしそれから数時間、報酬に関する話し合いが続いた。マハマットは、二週間の予定の調査に、六ヵ月分の給料に相当する額を要求してきた。私は結局、その条件をのんだ。過酷な環境の中へ連れ出すのだから、ある程度は地元の相場に合わせるのが当然だと考えたのだ。砂漠の道には、ラクダの骨やラクダ引きの骨がたくさん転がっている。自然はいつも優しく接してくれるわけではない。こうして一九九四年以後、マハマットは私たちの調査になくてはならない存在となった。そして私の友となり、調査団のメンバー全員の友となった。それにしてもマハマットの鋭敏な方向感覚には恐れ入る。ジープのダッシュボードの上で行く先を指し示すマハマットの左手は、砂漠を渡る私たちの舵そのものだ。方向を示す道具などなくても、以前見つけた化石の場所がわかるのである。一九九四年のあの晩、マハマットは、あの水理地質学者が見かけたというサイの顎骨をどのように見つけたのだろうか？　私には皆目わからない。突然ジープを止めるよう命じた手の動き、興奮気味にひざまずいて砂をかく姿、サイの顎骨の化石を掘り出した時のうれしそうな顔（それは私たちがジュラブ砂漠で初めて見つけた脊椎動物の化石だった）。私の記憶には、そんなマハマットの姿が克明に刻まれている。

過酷な環境での生活

これですべての準備が整った。発掘場所の緯度と経度もわかった。今後はＧＰＳさえあれば、砂漠の中でもその場所を正確に突き止めることができるだろう。科学者を集め、ジープに荷物を積み込む。例によって、調査団を案内するのはマハマットだ。調査団のメンバーはみな、すでに砂漠の試練に耐える覚悟ができている。古生物学の発掘調査は過酷な環境下で行われる。生命の危機にさらされるおそれさえないとは言えない。とりわけ耐えがたいのが、昼夜の気温差と砂嵐だ。人によっては、雑居状態も苦痛となる。

気候的に見てもっとも理想的な調査時期は、一〇月から三月までの期間である。しかし、それでも気温は、昼は四五度まで上がり、夜は五度まで下がる。砂漠の夜はとても長い。砂漠が闇に包まれる一八時から六時までの間、ひたすら寒さに耐えなければならない。十分な備えをした若者でも、この寒暖の差は体にこたえる。

夜になると、マハマットはラクダの毛の毛布にすっぽりくるまり、私たちは衣服と寝袋で何重にも体を覆う。マハマットは地面に直接敷いたむしろの上で、私たちはキャンプベッドで横になる。寒さを防ぎたければ、地面に寝たほうがいい。その点ではマハマットが正しい。しかしサソリが出ることを考えると、地面に寝る気にはなれない。

雑居状態も苦痛の種となる。このような砂漠では一人で行動などできないにもかかわらずだ。生理的欲求を満たすことさえ、並大抵のことではない。私はいつも新人に、用を足す時にキャンプ地からあまり離れないよう忠告している。かつて調査団の中の数名が、離れすぎてキャンプ地に帰れなくなり、星空のもと二時間もさまよい歩いたことがあった。砂漠は、どこもかしこも似たような姿をしているため注意が必要なのだ。女性はもっと大変である。たとえば、髪の長い女性の場合、砂が髪の中に入り込んで頭皮を刺激し、髪のつけ根が痛み出す。そうなったとしても砂漠で体を洗うことはできない。せいぜいウェットティッシュが使える程度だ（これはきわめて重宝している）。そもそも砂漠の大気には湿気がなく、完璧な無菌状態にある。からからに乾いていて、細菌や微生物が繁殖できる環境ではないため、きわめて清潔である。それに水は、飲むためにとっておかなければならない。砂漠でこのようなつらい仕事を行う女性が少ないのは、こうした理由もあるようだ。

ほかに、目印になるものが何もないことや、どこまでも地平線が広がっていることや、人の動いている姿がないことに耐えられない人もいれば、監禁されているような状態に我慢できない人もいる。病気になるのではないかと心配する人もいれば、恐怖にとりつかれる人もいる。悪天候になると、砂漠はきわめて危険だ。チャドで〝ハイタカ〟作戦に従事していた第二海兵隊空挺部隊の兵士たちでさえ、一九九七年二月にベースキャンプの解体を手伝ってくれた際に、砂漠の恐ろしさを語っていた。風が吹くと、数メートルしか視界がきかなくなる。そうなったら縦一列になって、互いを見失わないように車を進めるしかない。先頭車両はＧＰＳを利用し、後続車両は前を行くジープのわだちをたどっていくのだ。そこからそれてしまったら最後、砂漠の真っただ中に一台だけ取り残されてしまう。しかも、かつて戦場だった区域には地雷が埋まっている。地雷などにぶつからなくても、エンジントラブルを起こしたら一巻の終わりだ。

私は調査団のリーダーとして、メンバーの不安にはいつも人一倍気をつかっている。事故や悲劇は二度と繰り返したくない。かつてアベル・ブリヤンソーは、発掘調査中に命を落とした。私自身も、カブールで砲火にさらされ、あらゆる情報や連絡を絶たれ、恐怖に震えながら解放を待ったことがあった。自分の身を守るためには、自分が無力だということを受け入れなければならない。だからこそ私は、激しく歯が痛む、熱がなかなか下がらないといったメンバーの健康問題を見逃さないようにするとともに、心の病にも常に気に配っている。過酷な環境にあっては、ささいな支障が重大な悲劇にならないようすぐに対処することが重要なのである。砂漠経験の豊富な私は、時に煩わしいとは思っても、用心に用心を重ねるようにしている。調査団のメンバーも、私が重大な健康問題を抱えるようになって以来、私の状態を気にかけてくれている。

こうした相互依存関係、上下関係にとらわれない連帯感、自然に対し人間はまったく無力だという意識、そして人類史の調査にまつわる歓喜、ドラマ、好奇心、交流。こうしたものが、古生物学者の日常を形作っている。私はこの過酷な環境が好きだ。それは、都会で失われてしまったものを思い出させてくれる。夜の談笑（砂漠には木がないため、たき火はできない）、世直し議論、助け合い、星を散りばめた夜空……。しかし砂漠では自らを周囲の環境に順応させ、都会の満たされた穏やかな生活では眠りがちな現実感覚を研ぎ澄ませ、如才なく行動することも必要だ。たとえば、物々交換を期待して訪れてきた遊牧民の提案は、勇気をもって断らなければならない。調査団にはぎりぎりの物資しかない。

無分別に物々交換などしたら、物資が不足してしまうことになる。しかし、それよりも私たちの命にかかわるものがある。それはジープだ。私たちは、ジープの捕虜あるいは献身的な奴隷と言っていいほど、ジープに細心の注意を払っている。そういう意味では、私たちとジープの関係は、騎手と馬の関係に近い。しかしどれだけ注意を払っていても、水もガレージもない砂漠を六〇〇キロメートルも走れば、何かしら厄介な問題が起こるのは避けられない。こうした問題にぶつかると、ホモ・サピエンスは何とか対処しようとする。私自身、一九九四年の調査では、破裂したジープのラジエータを一人で交換しなければならなかった。私の生まれ故郷のビエンヌ県では、車が故障してまず最初に考えるのは、修理工を呼ぶかヒッチハイクをするかである。しかし、どちらもできない砂漠では、生存本能が目を覚ます。現実感覚を働かせれば、うまい手がいくつも見つかるものだ。たとえば、化石を補強するのに使うシェラックを溶かすアルコールがなくなったら、ポケット瓶のウィスキーで代用できる。また、ボロボロの化石を補強するには、木綿のシャツを粉々に切り裂いて石膏に混ぜればいい。だが砂漠の真ん中で、強力な火器で武装した盗賊の集団に出くわしでもしたら、私たちに打つ手はない。盗賊が乗り回している四輪駆動車に使えそうな部品や燃料をもっていた調査団は災難である。

風は最大の敵？

発掘調査は、一〇月から三月までの時期に計画される。ジュラブ砂漠がその時期、比較的しのぎやすい気温になるからだが、その反面、風が強くなる。ジュラブ砂漠が古生物学にとって貴重な場となっているのは、こうした風により持続的に激しい浸食を受けているためだ。ここでは風が、私たちの最大の敵であり、同時に最大の味方でもある。

発泡性錠剤から噴き出す泡のように砂が空気中で躍動し始め、渦巻き状の砂煙が空にまで達して太陽を覆い隠すと、気温が一気に下がる。嵐の前触れである。集められるものをすべて集め、まだ掘り出し作業のすんでいない化石を石膏で覆い、はけやバケツを片づけたら、あとは大自然の力を甘受するしかない。嵐はまさに試練である。嵐にあえば、最低限の日常生活さえ送ることができなくなる。飲む、食べる、眠る、何をするにも苦労しなければならない。私の経験では、アベルを発見した一九九五年、ファヤの南西にあるアンガマの断崖で遭遇した嵐ほど恐ろしい嵐はなかった。風速一〇〇キロメートルを超える風が吹き、視界は五メートルもきかない。歩くことはおろか、立っていることさえできなかった。力任せにたたきつけてくる砂が、体の細かいしわの中にまで入り込み、唇や皮膚を裂き、手や足を容赦なく襲う。このような状況では、テントを張ることもできない。張っても瞬く間にずたずたに引き裂かれてしまうだけだ。そのため、ジープの下にもぐり込んで周りに小石で壁を築き、どうにかこうにか寝る場所を確保した。それでも、目が覚めるころには体中が砂に覆われているため、目を開けるのも一苦労だった。

そういう時には落ち着いて行動することが大切だ。皮膚を守るため、グリセリンやラクダの脂を塗り、目にはスキー用のゴーグルを、手にはケブラー製の手袋をつけ、頭には遊牧民の使う長い布を巻く。そして、地面にはいつくばるようにしてひたすら耐えるのだ。携帯ガスやなべや小型ラジオなど、西洋世界になじみの品々とはしばしのお別れだ。夜には車が風に蹂躙され、横転したり、フロントガラスが全面すりガラス状に傷ついたりしないように、車の位置を変える。そして調査団のリーダーは必ず、ジープの左前輪の陰で睡眠を取る。そこからであれば、車内に搭載されている衛星電話や遭難用のラジオビーコンに手が届く。ただし、車のドアを開ける際には注意しなければならない。風で不意にドアがしまり、指を挟むことがある。風が弱まったら、バルハン（両端が風下側に伸びた三日月形の砂丘）を探し、その内側のくぼみに避難する。その際には砂丘から適度な距離を保つ必要があり、あまり近すぎても遠すぎてもいけない。砂丘は一晩に数メートルも移動することがあり、近すぎると砂にのみ込まれてしまうおそれがあるからだ。こうして調査団はひたすら待つ。体力を消耗しないように、そして十分安全を確認してから発掘調査を再開するのである。

風が静まると、私たちは驚異的な災禍《さいか》の現場を目の当たりにする。砂丘が、すでに発見した化石をのみ込み、覆い隠してしまっている。砂を払っておいた場所も、再び砂に埋もれている。砂がなだれ込み、露出していた地層を覆ってしまったのだ。しかし、嵐により砂丘が移動するため、それまで砂の下に隠れていた化石層が新たに現れることもある。風は、絶えず風景を変えることで、人類史が記された本のページをめくってくれる。そこに書かれた記録を読みたければ、タイミングよくその場に居合わせるしかない。

このような砂丘の移動のほか、風食により化石層が露出することもある。そのため、文化的に重要な発掘場所は定期的に監視しておく必要がある。たとえば、ある場所を調査するタイミングが早すぎれば、その下に隠れた化石層を発見することはできない。その化石層を見つけたければ、風食の時間を考慮する必要があるのだ。試しに、砂岩層の表面すれすれまで金属杭を打ち込んだとしよう。その杭を一年後に確認すると、砂岩の表面から頭三センチメートルほどはみ出ているはずだ。それだけ砂岩が風に削られるのである。この砂岩の風食の程度から、化石が豊富に発掘できそうな時期（一年後、五年後、二〇年後など）を算出すればいい。そう考えれば、風は私たちの味方と言えるが、当然敵になることもある。ある場所を調査するタイミングが遅ければ、露出していた化石が風食を受け、破壊されてしまっているかもしれないからだ。私はかつて、ある場所でレイヨウの顎骨を発見した。その時にはまだ、風食を受けてはいたものの歯が残っていた。しかし二シーズン後に再びその場所に戻ってくると、もはや顎骨だけしか残っていなかった。風がすべての歯を粉々にしてしまったのだ。ジュラブ砂漠では北北東の風がきわめて強く、七〇〇万年以上前に石化した砂丘のふもとには、すでにその風向きの痕跡が刻まれている。

風は、地層を破壊し、覆い隠してしまうかと思えば、邪魔な砂を取り払い、地層を露出させてくれる。そのため、調査に限界があったとしても一時的なものに過ぎず、露出している地層は刻々と変化していく。トータルで見れば、ジュラブ砂漠の風は、調査団の生活には厄介者だが、古生物学最大の味方といっていいだろう。

中小企業社長のようなリーダー

調査団にとって、既存の常識を覆す発見をするのは何にもましてうれしいものだ。しかし、調査団のリーダーには、それが悩みの種となる。たとえば、アベルやトゥーマイを発見したせいで、物資の調達や輸送がかなり厄介になった。というのは、これまでよりも効率のいい調査が求められるようになった結果、これまで五人程度で編成していた調査隊が、研究者や技術者、運転手や料理人など総勢六〇名にも及ぶ大所帯になったからだ。そんな規模の調査団が砂漠に行くとなると、かなりの資金や物資が必要になる。これほどの経費になると、国の予算だけに頼るのは到底無理だ。となると、調査団のリーダーが出資者を探して駆けずり回らなければならない。私は、エルフグループ（一九九九年まで出資してくれた石油会社）、フィリップモリス賞受賞者、ポワトゥー＝シャラント地域圏議会、ビエンヌ県議会など、個人・組織を問わず、スポンサーを探して回った。そしてそのたびに、自分の研究が何を対象としているのか、何を問題にしているのか、その研究のために何が必要なのかを説明した。こうして、資金集めが私の新たな仕事となった。

調査団のリーダーは、管理人の役目も果たさなければならない。調査団の規模や資金が増えれば、それだけ管理に割く時間も増え、管理関係の仕事がリーダーの時間の半分以上を占めるようになる。だが幸運なことに私の場合、ポワチエ大学にいる時には、優秀な女性が私の仕事を補佐してくれる。比類なき現実感覚を備えた信頼のおける助手、ギスレーヌ・フロランである。フロランは三〇年もの長きにわたり、私たちの調査の管理を行ってくれている。ありがたいかぎりだ。それに、ファックスがなかった時代には、アフリカの研究者との手紙のやりとりに二ヵ月はかかったが、電子メールのおかげでずいぶん合理化された。しかし、アフリカ諸国との間にはまだ情報格差があるようだ。ハーバード大学のデヴィッド・ピルビームとは何の支障もなく連絡がとれるが、チャドやリビアにいる相手とはそうもいかない。いまだネットワークが安定していないため、アフリカ人のように辛抱強く気長に待っていなければならない。

こうしたテクノロジーのおかげで私たちの仕事もずいぶん楽になった一方、面倒な規則に振り回されることもしばしばである。細部にばかりこだわった、現状にそぐわない決まりがあまりに多いのだ。フランスの大学は、教授に三つの仕事を同時にこなすよう求めている。研究、教育、運営管理の三つである。確かにいずれも教授には欠かせない仕事なのだが、そのような現状では、この三つを滞りなく行うことはなかなか難しい。フランスに研究者や教育者が不足しているのはそのためだ。年齢によるピラミッド組織が出来上がっていて世代交代が難しいから、あるいは、給料が安いため若者が研究の仕事につきたがらないから、といった理由もあるかもしれない。しかし、行政による通達、規制、拘束があまりに多く、積極果敢な研究者のやる気をそいでいる事実を忘れてはならない。つまり、行政関連の雑務のせいで、研究の時間が大幅に削られ、その結果、教育の時間も奪われてしまっているのだ。そもそもフランスの公会計のルールを、アフリカの果てで適用することなどできるだろうか？

たとえば、調査団のリーダーがアフリカのある街で、二五人の調査団が二ヵ月生活するのに必要な物資を四〇トン購入したとしよう。その際、三ヵ月後に代金を支払うから請求書をどこそこに送っておいてくれと言えば、販売者は「はい、そうですか」と答えるだろうか？　ガイドのマハマットにしろ、ンジャメナの食料品店の店主にしろ、三枚複写の請求書など素直に受け入れるはずがない。中央行政庁の予算執行をとりしきる財務省のエリートたちも、一度私たちの調査団に参加してみるといい。そうすれば、自分たちが決めた規則のせいで、いかにエネルギーを浪費しなければならないかがわかるだろう。砂漠での調査はただでさえ大変な仕事なのだから、その上さらに負担を増やすような雑務など強制すべきではないのだ。決まりが多すぎれば、異様で滑稽な事態も引き起こしかねない。資金を集める時より、資金を使う時に頭を使わなければならない状態など、どう考えてもおかしい。砂漠で調査を行う国際科学団体の数がきわめて少ないとはいえ、現行の財務規則は、苛酷な環境で調査を行う古生物学者にはまったく適していないと言わざるを得ない。

だが幸いなことに、こうした逆境の中で、フランス科学界はここ数十年の間に、古生物学史に残る偉大な発見を成し遂げた。大地溝帯の東側および西側、南アフリカ、ギリシャ、タイ、ミャンマー、いずれの場所でもフランスの調査団は目覚ましい成果を収めている。

しかしこうした調査団も、調査の準備に手間がかからなければ、それ以上の結果を出すことができたかもしれない。そのためにも、書類に基づいて支払いを行う現行の経費管理システムを、支払った後に書類を提出するアメリカ型のシステムに改めるべきなのだ（フランス外務省の考古学調査委員会も同様のシステムを採用している）。合理的な経費管理システムが採用されれば、外国での発掘作業がずいぶんと楽になり、フランスの古生物学界はさらなる発展を遂げることができるに違いない。現在のフランスのシステムでは、かなりの資金を自由に使えるアメリカの大学に太刀打ちできない。アメリカの場合、調査団自身が予算の管理を行っており、その場その場で必要に応じて予算を使うことができる。だからこそアメリカの調査団は、東アフリカでリーダーシップを発揮し、フランスの学者まで迎え入れることができるのだ。西アフリカでは現在、私たちが先頭に立って調査を行っている。しかしそれもいつまで続くだろう？　西アフリカでのリーダーシップを堅持するには、まずはアメリカと同じスタートラインに立つ必要がある。行政規則がその足かせになってはならない。若い研究者を増やしたいのなら、そのほかの研究者の苦境を正確に把握し、手遅れになる前に改善することが絶対条件となろう。

5 ― 人類の太陽は西にも昇る

アベルとトゥーマイは〝予期せぬ科学上の事件〟だった。これまで支配的だった考え方に反旗を翻し、世界的に受け入れられていた理論を揺るがした。そして、世界の古生物学者に新たな疑問を投げかけた。新しい手がかりが見つかれば、新しい仮説が生まれる。実際、アベルもトゥーマイもいくつかの新事実をもたらしてくれた。そしてその結果、人類の起源について、誰もが思いも寄らなかった疑問を提示した。

まずアベルの発見により、人類発祥の地とされる場所が大幅に拡大された。この二〇年、人類発祥の地は東アフリカ地域に限定されていた。それが大地溝帯の西側、中央アフリカにまで一挙に広がったのである。そしてトゥーマイの発見により、ヒトとチンパンジーが分岐したとされる時期が、今まで考えられてきた時期よりもはるか以前にさかのぼることが証明された。トゥーマイは、これまで知られていなかった種として、人類の起源がこれまでの定説以上に古いことを明らかにするとともに、現在確認されている最古のヒト科となった。現段階では人類最古の祖先である。だが、このように断言するからには、それなりの証拠がなければならない。以下、その証拠について説明することにしよう。

アベル――揺れる人類発祥の地

アベルや、そのそばで発掘された一五〇〇もの化石の一部を収納した大型トランクがポワチエ大学に到着するやいなや、下処理と修復作業が行われた。アベルの下顎骨については、歯の下処理が中心となった。下顎骨の本体は欠けているばかりか、砂嵐による風食を受けていたからだ。そのほかの化石は、小型の彫刻刀、歯科用の器具、あるいは噴砂機を用い、丹念に付着物を取り除いていく。

その後、調査が始まった。まずはアベルの年代である。それを判定するには、チャドの発掘場所それぞれの相対的な年代を特定する必要がある。その際、チームのメンバーは、生物年代学による年代測定法を利用した。チャドで発掘された化石を、北アフリカや東アフリカで発掘された新旧さまざまな哺乳類種の化石と比較するのである。ある系統樹に属する種の中には、絶対的な生息年代が判明しているものもある。その種の進化の程度を、新たに発掘した哺乳類種の進化の程度と比較すれば、およその年代を推測することができる。とりわけ、イノシシ亜目（イノシシ、カバ、アントラコテリウム）や長鼻類（広義のゾウ）は、化石の年代を特定するうえできわめて信頼できる指標となる。また、可能であれば、ウランやアルゴン、ベリリウムの同位体を利用した絶対年代測定法も補足的な形で行う。歯のエナメル質に含まれる炭素や酸素の安定同位体を調べれば、葉や草など、吸収した栄養に関する情報が得られるため、生息環境を推測することも可能だ（森林、木のまばらなサバンナ、イネ科の植物の草原など）。こうして、発掘場所で収集した資料からさまざまな年代測定を試みた結果、アベルの年代は三五〇万～三〇〇万年前と推測することができた。つまりアベルは、あの有名な子供〝ルーシー〟（三二〇万年前）と同世代というわけだ。いとこ同士といってもいい。だが二人は、一九九五年七月になって初めて、アディスアベバにあるエチオピア国立博物館で顔を合わせたのだった。

次いで、コロ・トロのいくつかの発掘地で発見された化石について分析を行い、アベルの生活環境について貴重な手がかりを手に入れた。たとえば、あるつる植物の化石である。これは、アフリカの川岸や湖岸に生息するつる植物に近い構造を備えていた。つまり、かつてその辺りには水があったのだろう。動物相を見ても、一〇〇キログラム以上あったと思われるナマズの化石を含め、さまざまな種類の魚の化石が見つかっていることから、その推測の正しいことがわかる。専門家によれば、発掘された魚の化石は数十種類にも及ぶ。主にナマズ目やスズキ目の魚で、生態学的に見れば、流水を好む種もいれば、池や沼を好む種もいるという。発掘された化石の中には、魚食性の堂々たるワニもいた。これにはＵＭＲ６０４６の副室長を務めるパトリック・ヴィニョー助教授も喜んだ。ヴィニョーは、チャドでの調査活動全般の管理運営に見事な手腕を発揮し、長らく私を補佐してくれている人物である。この場を借りて、謝意と親愛の情を表したい。また、びっくりするほど珍奇な動物の化石もあった。クマ並みに大きなカワウソだ。魚を常食していたのだろう。要約すれば、この当時（三五〇万〜三〇〇万年前）、アベルが生息していた地域は、東部のサバンナとは異なり、かなりの量の水をたたえていたと思われる。

しかしそれだけではない。発見された化石の中には、オナガザルの化石もある。これは、樹木の生い茂った森林地帯があったことを示唆している。また、木の上の葉を食べていたキリンの化石もある。これは、木のまばらなサバンナ地帯があったことを暗示している。当時の動物相の中にはほかにも、エチオピアのハダールと共通するイノシシ科の種（コルポケルスやノトケルス）が含まれている。ということは、その当時、大地溝帯の両側で動物の行き来があったということだ。

つまり、アベルが生息していた環境にも、サバンナはあったに違いない。また、動物の行き来した形跡が見られるということは、アフリカの大地溝帯は決して越えられない障壁ではなかったということになる。こうした新たな発見は、〝イースト・サイド・ストーリー〟という古代のシナリオに再考を迫るものだ。

五〇〇万年前から三〇〇万年前にかけて、ジュラブ地方の風景は次第に開けていった。森林地帯が徐々に面積を狭め、代わりにサバンナ地帯や草原地帯が広がっていったのだろう。発見されたシロサイの小臼歯や大臼歯の歯冠が高いことから、このシロサイは草を常食としていたようだ。また、大型のコルポケルス（イノシシ科）は木のまばらなサバンナに生息していた動物であり、その化石のそばでは、草食性の三指のウマの化石も見つかっている。つまり、アベルもルーシー同様、サバンナを知っていたことになる。

当時のこの辺りは、森林、サバンナ、湖沼が共存し、込み入ったモザイクを形成していたのだろう。同じ科の動物でも、湿地帯、乾燥地帯、サバンナ地帯にそれぞれ適応した種の化石が発見されているのがその証拠である。その際たる例が、ウシ科（レイヨウ、ガゼル）や長鼻類（ダイノテリウム、マストドン、ステゴドン、ゾウ）だ。実際私たちは、ジュラブ砂漠の中新世末期（七〇〇万年前）の地層から、これらの動物の原始的な種の化石を見つけている。また、食肉類（ネコ科の動物、ハイエナ、カワウソ）、げっ歯類（リス、アレチネズミ）、ウサギ類（ノウサギ）も例外ではない。アベルの生活環境を形作っていたこのモザイクは、生命に満ちあふれていたようだ。そこでは、数十種類もの種の化石が見つかっている。その一割は、これまで知られていなかった新種である。中には、西アフリカにしか見られない種もあれば、東アフリカや南アフリカで見られる種もある。共通の種が存在するということは、アフリカ大陸の東と西を隔てるような壁は存在しなかったのだろう。私がかつてアフガニスタンで確認した事実を思い出していただきたい。パキスタンに生息していた種は、何らかの障壁のため、隣国のアフガニスタンへ生息域を広げることができなかった。アフガニスタンの動物相は、パキスタンとは異なるグレコ＝イラノ＝

アフガン生物地理区に属している。

こうした成果を踏まえてみると、アフリカ大陸の東部、南部、中央部、西部、北部の生物地理学的関係を再検証する必要のあることは明らかだった。その結論次第で、〝イーストサイド・ストーリー〟を再確認することになるかもしれないし、それを〝ウェストサイド・ストーリー〟で補完することになるかもしれない。あるいは、それが〝パン・アフリカン・ストーリー〟に置き換わる可能性さえある。

サバンナ、草原、水辺、森林、河辺林（サバンナの水流に沿って帯状に密生する樹林）……。アベルの生活環境は、ルーシーの生活環境とさほど変わりがなかったと思われる。開けた風景と樹木に覆われた風景とが混在していたのだ。

しかし、そうした環境について、どこまで正確なイメージがつかめるだろうか？　古生物学者は、斉一説（過去の地質現象は現在見られる自然現象と同じ過程で発生したとする説）に頼るほかない。つまり、現段階でもっとも類似している環境から類推するのである。ただし、このパズルは、おもちゃ屋で購入できるパズルとは違い、最初からすべてのピースがそろっているわけではない。手に入れたばらばらのピースをひとつひとつ繋ぎ合わせ、変転著しい古代の環境を少しずつ再構成していかなければならない。たとえば、アベルが食事用に果実を摘みとっていた木があるとしよう。その木が、河辺林の中でひときわ大きな木だったとしても、また河辺林の中のどこにでも見られる木だったとしても、その断片の化石がいくつも見つからないかぎり、その木の存在を証明することはまずできない。だから、当時の環境を再構成するためには、あらゆるピースをすでに判明しているほかのピースと比較し、正確な種を突き止め、その年代を特定していく必要がある。おおよその大きさを知るにも、ある場所で発掘されたさまざまな断片を、ほかの場所で発掘された断片と比較しなければならないのだ。しかし、すでに判明している無数の化石標本と比較できる場合はまだいい。私たちの作業には正確なイメージをつかむために必要なピース、確信をもって分類するために必要なピースがいつも不足している。その中には、永久に見つからないものもあるだろうし、発掘を進めれば見つかるものもあるだろう。だから私たちは新たな発掘場所を見つけ、新たな化石標本を発見するたびに、比較作業を繰り返す。それが研究者の仕事なのだ。アベルの生活環境は、湿潤期のチャド湖水系の中にあっただけに、イメージするのがなかなか難しい。しかしあえて言えば、当時この水系は、現在のボツワナ、カラハリ砂漠中央にあるオカバンゴ・デルタのような環境だったのではないかと思われる。そこには季節により大きさを変える湖、水路、沼、草の生い茂るサバンナ、点在する河辺林が連なっている。アベルが生活していた地域も、もっとも湿潤な時期には、四〇万平方キロメートルに及ぶ雄大なチャド巨大湖に覆われていたに違いない。現在のカスピ海に相当する大きさである。ただし当時（七〇〇万〜三〇〇万年前）は、不可避的な地球規模の気候変動に伴い、湿潤期と乾燥期を交互に繰り返していたようだ。気候変動の要因には、黄道傾斜角のズレ（四万一〇〇〇年周期）や、軌道離心率の変化（一〇万年周期）などが挙げられる。

実際にはもっと複雑な気候の変化があったのかもしれないが、大まかに見て湿潤期と乾燥期が周期的に交代していたことは間違いないだろう。地層を観察すると、風で堆積した砂により形成される風成砂岩、湖岸に形成される沿岸成砂岩、そして珪藻岩が、交互に並んでいるのが確認できるからだ。

また、沿岸成砂岩の層にクソムシの糞玉の化石があるかないかを調べることで、気候の変化を読みとることもできる。その化石がある時は渇水状態、ない時は増水状態にあったということだ。私たちが糞玉を確認した地層では、糞玉の化石のあるところから通路らしきものが延び、キノコシロアリの巣の化石まで通じていた（デュランジェの論文によれば、キノコシロアリが糞玉を餌にしていたのではないかという）。このアリの巣がある地層には、その捕食者であるツチブタが必ずいる。実際、しかるべき場所で大きなツチブタ（体長一・二〇メートル）の骨がいくつも見つかっている。このツチブタは昼間は巣穴で過ごし、夜になると這い出してきては、ねばねばする長い舌でアリやシロアリ、クソムシの幼虫を捕まえていたのだろう。湖岸には、レイヨウなどの有蹄類がのどを潤しにやって来て糞を落としていく。だからクソムシは湖岸に多かった。フンコロガシのように糞を球形に成形し、幼虫の棲み処および食糧としたのだ。この糞玉の化石が断続的に見られるということは、湿潤期（増水）と乾燥期（渇水）があったことを物語っている。そこで見つかったツチブタの骨は、いきなりの増水に襲われ、巣穴の中で溺れ死んだツチブタの遺骸なのだろうか。いずれは科学の進歩により、こうしたさまざまな気候の変化を明確に区別できるようになるかもしれない。

こうした気候の移り変わりの結果、水辺にうっそうと茂る森林、湖沼、河川の流れる開放的なサバンナや草原の組み合わさったモザイク風景ができあがったのだろう。

アベルの生活環境に類似した現在の環境を探し求め、南アフリカのクルーガー国立公園を訪れたことがある。南北三〇〇キロメートル以上に及ぶ広大な保護区で、アベルの生活環境と同じような動物相が形成されている。川や森林、サバンナ、草原の入り混じったこの保護区に足を踏み入れると、草原ではヌーに、森林ではゾウに次々と出合う。アベルもまたこのような、動物に囲まれた楽しい空間を歩き回り、水辺の森林地帯を頻繁に訪れたに違いない。

アベルは、ルーシーと同時期に、開けた環境と樹木に覆われた環境、湿潤な環境と乾燥した環境とが混在する場所で生活していた。しかし、それだけでルーシーと同じアウストラロピテクスだと言えるだろうか？　西アフリカ版ルーシーだと考えられるだろうか？　それはまた別の問題である。

〝イーストサイド・ストーリー〟は、この点について重大な仮説を提示していた。そしてその仮説は、一九九四年まで世界中の古人類学界で受け入れられていた。大地溝帯の断層が形成されて気候が変化した結果、その東部だけに人類の始祖が現れたとする説である。

そこで、アベルの顎骨を綿密に比較・分析する、長期にわたる作業が始まった。まずは基本的な調査が行われた。全体的なバランス、骨の厚さ、歯の形態（臼歯化した小臼歯、より均整のとれた門歯形の犬歯）、エナメル質の厚みといった特徴の分析である。その結果、アベルは多彩な食生活を営みつつも、果実や木の実を好んで食べていたらしいことがわかった。クルミなど、きわめて硬いものも食べることができたようだ。この基本的な調査から明らかになったアベルの特徴は、いずれもアフリカ類人猿の特徴とは異なっていた。とりわけ犬歯は、類人猿の犬歯と際立った対照を見せている。ゴリラやチンパンジーの大人のオスには、非常に目立つ鉤状の犬歯が生えているのだが、アベルの犬歯はまったく違う。門歯と同じぐらいの長さしかないのだ。これはおそらくヒト科が一夫一婦制を採用したためだと思われる。一夫一婦制はほかの類人猿には見られない特徴である。一夫多妻制をとる類人猿のオスは、できるだけ多くのメスを獲得しようと、牙を武器として使う。ボスになるために戦わなければならない。一方、古代のヒト科には、そのような武器はいらなかった。一夫一婦制であれば戦う必要がない。その結果、ヒトの犬歯はほかの歯と並んで垂直に生えるようになったのだろう。それでもアベルは、犬歯がやや大きいことからオスだったと考えられる。現代のヒトの骨の性差はわずかだが、古代のヒト科にはまだ性差がはっきり残っているため、オスとメスとの間に数々の相違が見られる。オスのほうが犬歯がやや大きいのはその一例である。また、X線による調査もアベルの分析に一役買った。歯科外科学博士であり口腔病学専門の法医学者でもある私の友人ピエール・フロンティの研究室で行われたものだ。それによると、磨耗の程度から判断するかぎり、アベルの歯はかなりの年数にわたり使われていた。歯髄を調べた結果、アベルが死んだのは三〇〜三五歳ごろではないかという。初期調査の段階で私たちを悩ませたのは、エナメル質に穴がいくつも見られることだった。アベルは病気だったのか？　しかしそれも、X線分析により異形成（形成不全）だと判明した。つまり、熱や栄養失調などのストレスにより、エナメル質の成長が止まってしまったのだ。アベルは子供のころ、飢えに苦しんでいたのかもしれない。また、現代のヒトからの類推で、歯を見れば唇の形がわかる。アベルはおそらく、ややまくれ上がった薄い唇をしていたのだろう。さらにはスキャナーを利用し、顎骨の内部にまで調査のメスを入れた。アベルの下顎骨をヘリカルスキャナーのシリンダーの中に置き、機器の出力を最大（一二〇キロボルト）にまで上げる。操作を行ったのは、友人の放射線学博士フィリップ・シャルティエと、その共同研究者フランシス・ペランだ。その結果、小臼歯に三本の歯根があることがわかった。ヒトとチンパンジーの最終共通祖先から受け継いだ原始的な特徴である。あごは、オトガイがないものの前面がフラットになっているため、すでに顔が短く、ほぼ現代のヒトに近い横顔をしていたものと思われる。

分析が終わると、再構成が始まった。復元模型の組み立てである。フロンティのもとで働く歯科技工士が、あごの後部を補完し、上あごを復元する。しかしアベルには、そこから上の部分の骨がまったくない。そこで、ポワチエ大学病院センターの口腔外科医ミシェル・サパネら二人のベテラン解剖学者に依頼し、ほかのヒト科の頭蓋骨を手本にして、頭蓋を製作してもらった。何もないところから徐々に頭ができあがり、そこに下書きされた筋肉や肌がひとつひとつつけ加えられていく。歯の大きさからすると、どうやらアベルの身長は一メートル数十センチ、体重は三〇キログラム前後だったようだ。そしてここから、もっとも難しく、もっとも魅惑的で、もっとも大胆な発想を必要とする作業が始まった。アベルの顔の復元である。解剖学の専門家が描いたデッサンや、法医学のさまざまなデータにできるかぎり沿うように、彫刻家が顔を成形していく。それには、医学者仲間全員の夢も混じっているに違いない。こうしてアベルは、忘却の淵から再生した。

アベルは、アウストラロピテクス属に含まれるのだろうか？　それを判断するには、当時確認されていたアウストラロピテクス属六種と比較してみるほかない。その貴重な化石は、南アフリカ、ケニア、エチオピアに保管されている。私はアベルの下顎骨を携え、ヨハネスブルグのウィットウォータースランド大学医学部人類学研究室に飛んだ。友人のフィリップ・トバイアス教授の知恵を借りつつ、教授が収集した化石標本を調べるためだ。教授は早速、きわめて貴重な標本を見せてくれた。一九二五年にレイモンド・ダートが発表したタウング・チャイルドの頭蓋骨である。私たち二人は、その頭蓋骨を含め、さまざまな化石を丹念に比較した。結論はおのずと明らかだった。アベルは明らかにアウストラロピテクス属に含まれるということだ。しかし、その属の中でも前例のない標本だった。そこで私たちは、アベルに〝アウストラロピテクス・バーレルガザリ〟（「ガゼルの川のヒト」の意）という種名を与えた。こうしてアベルは、原始的特徴と進化した特徴とをあわせもつ、ヒトの進化の過程を跡づける証拠のひとつとして、人類史の中に組み込まれた。間もなくアベルが成し遂げた偉業を称えるため、デヴィッド・ピルビームがパリに飛んできてくれた。私たちはイヴ・コパンと三人でこの出来事を祝った。アベルを発見することができたのは、ルーシーの共同発見者であるこのコパンのおかげだった。コパンが〝イーストサイド・ストーリー〟を提唱したからこそ、それが事実かどうかを証明するために、コパンの承諾を得て西アフリカへ行こうと思ったのだ。人類史の知識を向上させることができたのは、コパンの仮説が部分的に間違っていたからにほかならない。

〝イーストサイド・ストーリー〟は実によくできた物語ではあるが、アベルの発見以後、もはや事実にそぐわないものになってしまった。アベルが成し遂げた最大の功績は、大地溝帯から西へ二五〇〇キロメートルも離れたところに生息していたことだ。その発見により、すでに確定したかに見えた人類の発祥地に再び疑問符がつけられた。数十年前、フランスの考古学者ブルイユ神父は、人類の発祥地が変転していくさまを〝さ迷える人類のゆりかご〟と表現したが、東アフリカに固定されたかに見えた〝人類のゆりかご〟は今、再びさ迷い始めた。アベルが〝予期せぬ科学上の事件〟だというのはその点にある。専門家を驚かせたのは、アベルの解剖学的特徴よりもむしろ、アベルが発見された地理的位置なのだ。こうしてアベルは、一九二五年のアウストラロピテクス・アフリカヌスの発見（南アフリカ）、一九五九年のパラントロプス・ボイセイの発見（東アフリカ）に続き、一九九五年に人類史の第三の扉を開いた。かつては捏造されたピルトダウン人のせいで、およそ四〇年もの間、人類の発祥地はヨーロッパだと信じられてきた。しかし、やがてタウング・チャイルドが先史人類だと決定的に認められるに至り、人類史は大幅な修正を迫られた。今回も事情はまったく同じである。大地溝帯の西側でアベルが発見され、これまでの仮説は再考を余儀なくされた。この二〇年間、東部のサバンナに人類の起源を、西部の密林にアフリカ類人猿の起源を位置づけようとしていた〝イーストサイド・ストーリー〟の不備が、今明らかになったのである。

三二〇万年前、幼いルーシーはエチオピアのハダール地方で生活していた。そのルーシーが生まれるずっと以前（おそらく一〇〇〇万年以上前）に、地殻が移動し、地溝が形成された。アフリカ大陸を南北に走る、長さ数千キロメートルに及ぶ大断層である。西アフリカではその後も、大西洋がもたらす雨のおかげで、それまでに形成された密林がそのまま残された。一方東アフリカでは、断層により西アフリカから遮断されて乾燥化が進み、森林は木のまばらなサバンナへと変貌していった。これまではこの原初サバンナが、ヒトが二足歩行を始めるきっかけとなったのではないかと考えられていた。初期ヒト科は、この新たな環境に適応するため、後ろ足で立ち上がった（しばらくは、木によじ登る能力を保持していたかもしれないが）。それは歴史的快挙だった。移動のために手を使うことがなくなると、これまでもたびたび利用されてきた手が、ますます日常的に利用されるようになる。すると、それにつれて脳の容量や機能も急速に変化していった。特に容量の発達は著しく、これまでの三〜四倍に増えた。哺乳類はおろか、脊椎動物全体を見てもかつてなかった進化である。この巨大化した脳により、意識が芽生え、連想が可能になり、手で道具を作れるようになった。歯も、肉などあらゆる食べ物に対応できるように変化した。サバンナの乾燥した環境では、硬い食べ物も多い。そんな食べ物も食べられるように、歯のエナメル質が厚くなった。また、喉頭がのどの奥に下がり、言葉を発する仕組みができあがった。こうしてヒトは生まれた。ルーシーは、その共同発見者であるイヴ・コパンが提示したこの見事な仮説の始まりの位置にいるというわけだ。

大地溝帯の形成、およびそれに伴う気候の変化が人類の進化の一因となったことを疑う者はいない。私自身、環境の変化とヒト科の進化とは密接な関係があると確信している。しかしアベルは、地理的な意味において〝予期せぬ科学上の事件〟だった。それは、東アフリカの原初サバンナ仮説を再検討しなければならないことを意味している。ヒトの出現した理由は、この仮説だけでは説明しきれない。

乾燥化という環境の変化により二足歩行化がいっそう進んだのは事実かもしれないが、最近の調査によれば、二足歩行が生まれたのは実は森の中なのである。

アベルは、人類の祖母はルーシーであるという説に異議を唱えた。また、東アフリカだけが人類発祥の地であるという考え方を否定し、その候補地として広大なフィールドを提示した。今や調査地は中央アフリカにまで広がっている。

しかし、ヒトとチンパンジーが分岐し、それぞれが別の進化の道を歩み始めたのはいつのことなのか？　その分岐はどこで、なぜ起こったのか？

それについては、アベルは何も答えてくれない。

トゥーマイ――人類の進化の階段に最初に足をかけたヒト

ホモ属が、アウストラロピテクス属の数ある種のうちのどれかから進化したというのは、まず間違いないだろう。ただし、一九九五年にミーヴ・リーキーがケニアで発見した、地質学的にもっとも古いアウストラロピテクス・アナメンシス（四二〇万～三九〇万年前）については、ホモ属の祖先である可能性が疑問視されている。

　では、アウストラロピテクス属が最古の人類なのだろうか？　実は当時すでに、私の友人ティム・ホワイトの調査団が、新属新種であるアルディピテクス・ラミダスを発見していた。アウストラロピテクスよりも古い、四四〇万年前の人類だ。さらに二〇〇一年には、オロリン・ツゲネンシス、アルディピテクス・カダバが立て続けに発表され、数多くの学説を覆した。こうして一九九四年一二月以来、ヒト科の分類群の数も、さかのぼるべき時間の長さも、およそ二倍になった。この一〇年余りのうちに、三二〇万年前のルーシーは、人類の祖母どころか、新たに発見されたヒト科に比べ、はるかに若い個体となってしまったのだ。その結果、イヴ・コパンは、チンパンジーとの最終共通祖先からヒトが分岐した年代を八〇〇万～六〇〇万年前と改めたが、その場所が大地溝帯の東側だという主張を変えることはなかった。この分岐が一〇〇〇万～八〇〇万年前だったと推測する専門家もいたが、多くの科学者がまだ東側に固執していた。それはなぜか？　そもそも、一九二五年にアウストラロピテクスが初めて発見されて以来、一九九五年にアベルが発見されるまでの間、中新世後期から鮮新世（七〇〇万～一六〇万年前）にさかのぼるヒト科が発見されたのは、南アフリカか東アフリカだけだった。それに加え、近年なされた新種の発見は、二つの新たな事実をもたらした。ひとつは、その新種がケニアやエチオピアで発見されているという事実である。これは、人類史が大地溝帯の東側で展開されたという考えを強化する材料になる。もうひとつは、その新種の年代が中新世にまでさかのぼるという事実である。カリフォルニア大学バークレー校のティム・ホワイト率いる調査団がエチオピアで発見したアルディピテクス・ラミダスは四四〇万年前、クリーブランド博物館のハイレ＝セラシが同じくエチオピアで発見したアルディピテクス・カダバは五八〇万〜五五〇万年前、ブリジット・スニュとマーティン・ピックフォード率いる国立自然史博物館／コレージュ・ド・フランス合同調査団がケニアで発見したオロリン・ツゲネンシスは六〇〇万〜五七〇万年前と言われている。これらひときわ古いヒト科の化石は、人類史が東アフリカで始まったことを示す決定的な証拠と思われた。

そのため、世界中の古人類学者が、ヒト科の始祖の手がかりを求め、八〇〇万〜三〇〇万年前の時代に努力を傾注するようになった。地層学的に見れば、この年代の地層は中新世後期から鮮新世前期にまたがっている。この間のどこかで、ヒトとチンパンジーの分岐が起こり、ホモ属の最初の個体（三〇〇万〜二五〇万年前）を含め、それ以後のすべてのヒト科の祖先となる最初の人類が現れたと考えられたのだ。私たちがこの時代に情熱を傾けていることは、各調査団がそれぞれお気に入りの場所でその調査を行っていることを考えれば容易にわかるだろう。私の場合、一九九七年に見つけたトロス・メナラの古い地層（七〇〇万年前）が、うってつけの発掘場所となった。そして二〇〇一年七月一九日、ＴＭ２６６で、アフンタ・ジムドゥマルバイェがトゥーマイの頭蓋骨を発見したのである（ＴＭ２６６

とは、トロス・メナラ付近で確認されている四〇〇の発掘区域の中の二六六番目の区域の意)。トゥーマイとは、現地で、生活が厳しさを増す乾季の前に生まれた子供につける名前だ。それ以来トゥーマイは、ヒト科最古の化石という地位を守っている。

トゥーマイのほぼ完全な頭蓋骨を発見したMPFTは、引き続き調査を行い、五〇〇〇平方メートルに及ぶ場所から、下顎骨のかけら二つと三つの遊離歯を発掘した。三つの遊離歯とは、下顎犬歯、上顎門歯、上顎第三大臼歯の未萌出の歯冠である。こうして調査団は、少なくとも五個体分の化石を手に入れた。二〇〇一年以後も、同じ地区で新たな化石の発掘が行われており、収集した化石はおよそ一二個体分にまで増えた。これらの個体はひとつのグループ、すなわち家族を構成していたのかもしれない。また、トゥーマイに結びつく脊椎動物の化石も無数に発見されている。その種類は五〇種以上に及び、半数以上が原始的な哺乳類である。

私は、トゥーマイの生活を描き出すには長期にわたる詳細かつ精緻な比較・分析が必要だと主張し、トゥーマイをフランスに持ち帰ることにした。その代わりチャドの大統領には、何らかの事実がわかれば真っ先に伝えることを約束しておいた。この頭蓋骨はどこをとっても、かなりの時間をさかのぼるヒト科のものだと思われた。私は、トゥーマイとともにポワチエ大学に戻ると、早速作業にとりかかった。まずは、ポワチエ大学のUMR６０４６対応部局の責任者であるグザヴィエ・ヴァランタンとともに、下処理を行い、付着物を取り除き、樹脂で複製を製作した。そして、そのトゥーマイの複製を手に、比較調査の旅に出た。ハーバード大学（マサチューセッツ州ケンブリッジ）、アリゾナ州立大学人類起源研究所（アリゾナ州テンピ）、カリフォルニア大学（バークレー）、ケニア国立博物館（ナイロビ）、エチオピア国立博物館（アディスアベバ）、ウィットウォータースランド大学医学部（南アフリカのヨハネスブルグ）などを矢継ぎ早に訪れたのである。

こうしてトゥーマイは、心ならずも古代人のポートレートギャラリーに登場し、大きな反響を呼んだ。それは、最初の年代測定によりおよそ七〇〇万年前のものと判明し、その結果、人類の最古参者としての地位を獲得したからだろうか？ あるいは、トゥーマイの発見により、ヒトとチンパンジーが分岐した過程が見えてきたからだろうか？ それとも単に、二〇〇一年一月に〝ミレニアム・アンセスター（ミレニアムの祖先）〟として鳴り物入りで紹介され、称賛を浴びたばかりのオロリン（六〇〇万年前）に、早くも暗い影を投げかけてしまったからなのか？ または、トゥーマイが一部の同業者の不意をついたからなのか？ それに答えるのは難しい。いずれにせよ、トゥーマイはアメリカで大歓迎を受け、二〇〇二年の科学ニュースの〝トップ一〇〟に入るほど話題になった。二〇〇二年四月五日、国際的な科学誌『ネイチャー』の編集主任であるヘンリー・ジー博士は、私に次のような手紙をくれた。「さまざまな報告からも、この論文に記載された発見物がこの上なく重要な意味をもっていることは明らかです。この論文は、一九二五年にダートが発表した論文以来、ネイチャー誌に投稿されたどの古人類学関係の論文よりも重要だと言っていいと思います。これはもはや単なる論文ではありません。歴史的事件です。古人類学者ばかりか、教科書の執筆者や一般大衆からも重要なものとして認められるに違いありません。これから数十年にわたり、細部に至るまで精読されることでしょう……」。その一方で、トゥーマイをヒト科に加えることに即座に異議を唱えた学者もいた。オロリンの発見者二人である。その一人、国立自然史博物館のスニュは、トゥーマイは類人猿のメスだと断定した。その主張によれば、上顎門歯がゴリラに特徴的な形をしているうえ、小さな犬歯やフラットな顔面といったヒトらしい特徴も、類人猿に見られる性差として説明できるという。スニュは二〇〇二年七月、大衆紙にこう述べている。「私が見るかぎり、トゥーマイは先史人類ではなく、古代のメスのゴリラです」。また、オロリンの共同発見者であるピックフォードは、トゥーマイの眼窩がほぼ真四角であることに注目し、これは現代のゴリラを思わせる特徴であり、ヒトやチンパンジーには見られない特徴だと主張した。ピックフォードによれば、トゥーマイがメスなら、あらゆる解釈を修正する必要があるという。類人猿のメスは、オスよりも先史人類に似ているからだ。実際、類人猿は性差がきわめてはっきりしている。その特徴をあえて誇張すれば、オスのゴリラはキングコングのような姿をしており、矢状稜（頭頂部に見られる骨の高まり）や鉤状の高く尖った犬歯をもち、眼窩上が大きく隆起している。一方、メスはもっと華奢で、上記のような特徴はいずれもない。矢状稜はなく、眼窩上の隆起も控えめである。犬歯も、研磨面はあるものの形は小さい。そのため、専門家でない人が見れば、形態的にヒト科に似ているように見えるかもしれない。しかし、上顎犬歯後部の研磨による稜は、ヒト科の個体にはまったく見られない。それは、解剖学者や古生物学者の常識である。それでもオロリンの発見者二人は、この犬歯を根拠に、トゥーマイが古代のメスのゴリラだと主張できると考えたようだ。だが、科学的現実はまったく異なる。トゥーマイは、眼窩上の分厚い隆起など、オスのあらゆる特徴を備えている。また、研磨による稜のない小型の上顎犬歯など、ヒト科のあらゆる特徴を備えている。

化石の性に関する議論は、今に始まったことではない。西アフリカで調査を始めたころに同行してくれた友人のデヴィッド・ピルビーム教授も、当初は、パキスタンで発見された一〇〇〇万〜八〇〇万年前のラマピテクスを、古代のヒト科だと考えていた。しかし、一九八〇年代初頭の再検査の結果、アジアのオランウータンと類縁関係にあるシバピテクスのメスだと判断を改めた。フィッセン財団賞を受賞するほど高く評価されていた教授が、公の場でためらうことなく自分の過ちを認めたのだ。ピルビームが偉大な科学者だという証拠である。

議論は科学の進歩に欠かせないものだ。反対意見も大切である。ただし、その反対意見は、しっかりした科学的根拠に基づくものでなければならない。単なる印象、個人的な信念や意見、科学とは何の関係もない感情に流されただけの早まった結論に頼っていては、科学は進歩しない。

しかしそれは後の話だ。トゥーマイがフランスに到着すると、MPFTのメンバー全員が仕事にとりかかった。トゥーマイの身元を特定できる解剖学的特徴を求め、一年にわたる懸命な調査・分析作業が始まったのである。トゥーマイは先史類人猿なのか先史人類なのか？　トゥーマイの出生証明書が『ネイチャー』誌に掲載される日を誰もが待ち望んでいた。私たちはまず、発掘される日までトゥーマイを保護していたシリカ、鉄、マンガンを丁寧に取り除いていった。その結果、きわめて精密な樹脂製の鋳型ができ、一〇〇分の一ミリメートルほどの誤差しかない複製を製造できるようになった。わざわざ複製を製造するのは、貴重なオリジナル標本はきわめてもろく、何ヵ月もの調査に耐えられないからだ。トゥーマイはいずれチャドに返さなければならない。私たちはトゥーマイを四八時間炎に耐えられるケースに入れ、金庫にしまった。

トゥーマイに関する情報を集めるため、私の指示のもと、さまざまな分野の専門家が招集された。地質学・堆積学関係の分析は、ルイ・パスツール大学（ストラスブール）のフィリップ・デュランジェとマチュー・シュステールが、同位体生物地球化学関係の分析は、ポワチエ大学のジャン＝ジャック・ジャゲールが指揮を執った。化石の分析は、UMR６０４６に所属するポワチエ大学の地質生物学者や生物年代学者、あるいはンジャメナ大学古生物学部やCNAR資料部に所属する専門家が行い、それをパトリック・ヴィニョーが統括した。私はといえば、世界中を飛び回り、優秀な専門家に直接会って意見交換を求めたり、彼らの化石資料との比較を試みたりした。すべてはトゥーマイに対する理解を深めるためである。こうして、インターポールの捜査に匹敵する大規模な調査が行われた。

私は、トゥーマイの複製を携えて世界中のそうそうたる研究室を巡り、古代ヒト科の化石のコレクションすべてに目を通した。まずは、ティム・ホワイト教授のいるカリフォルニア大学バークレー校やアディスアベバのエチオピア国立博物館に出かけ、アルディピテクス属の化石との比較を行った。次いでリーキー親子に話を聞くため、ナイロビのケニア国立博物館に足を運んだ（東アフリカの古生物学調査をわがもの顔に支配していたルイス・リーキーの息子のリチャード、その妻のミーヴ、その子のルイーズは、三人ともルイスの仕事を引き継いでいる）。フィリップ・トバイアス教授を訪ねて南アフリカにも飛んだ。さらに、テンピにあるアリゾナ州立大学人類起源研究所のドナルド・ジョハンソン教授を訪れ、三〇〇万年前のアウストラロピテクス・アファレンシスのオス（AL444）の頭蓋骨との比較を試みた。AL444は、W・H・キンベル教授とY・ラク教授が研究していた有名な標本である。もちろん、ろくに検討もしないまま、トゥーマイが類人猿である可能性を除外してはならない。私はデヴィッド・ピルビームに会い、ハーバード大学のピーボディ博物館に保管されているゴリラやチンパンジーの骨との比較も行った。

このような古代のヒト科やアフリカ類人猿との比較、動物相の調査や哺乳類の進化の程度の分析、生物年代学による年代の推定が、一年近く行われた。その結果、トゥーマイを先史人類と認めるに十分な科学的根拠が得られた。そうなると、ヒト科最古の化石となる可能性もある。

さらに調査は続いた。最新テクノロジーを利用すれば、細部を確認したり明確化したりすることも可能である。こうしたテクノロジーを求め、またも私は優れた専門家のもとを訪ねて回った。たとえば、ティム・ホワイト調査団のメンバーの一人、東京大学総合研究博物館の諏訪元教授に会うため、日本にまで足を運んだ。諏訪教授はヒト科の歯を専門にしており、マイクロCTスキャナーで歯のエナメル質の厚さを測定してくれた。

また、フィリップ・シャルティエ博士にポワトゥー=シャラント画像診療センターでの分析を依頼したが、頭蓋骨を調査するには、医療用のスキャナー（一二〇キロボルト）ではパワー不足だった。そこで、チューリッヒにあるスイス連邦材料試験研究所で、工業用のCTスキャナーを使用させてもらった。厚さ四メートルの壁に囲まれた部屋の中で、トゥーマイは四八〇キロボルトのX線を浴びた。こうして五〇〇枚の写真が撮影されたが、一枚撮るたびに一五分ものX線照射が必要だった。

次いでチューリッヒ大学へ向かい、コンピュータ科学部マルチメディア研究所の三次元モデリングの専門家に協力を要請した。同大学人類学研究所の人類学者クリストフ・ゾリコファー教授とマルシア・ポンセ・デ・レオン博士は、三次元モデル化ソフトを開発していた。それを研究対象に合わせてカスタマイズすれば、きわめて精巧な三次元モデルが得られるという。ネアンデルタール人の研究で知られるこの二人は、ゆがんでいたトゥーマイの頭蓋骨をコンピュータ上でもとの形に復元する作業に協力してくれた。世界のどこを探しても、この分野で二人の右に出る者はいないだろう。また、国立科学研究センターの研究員ポール・タフォルーが、グルノーブルのヨーロッパ・シンクロトロン放射光施設を自由に使える立場にあったため、シンクロトロン放射光によるスキャンという最新テクノロジーに触れることもできた。だが頭蓋骨の調査には、一週間ほど放射光を照射する必要がある。スタッフの熱意や期待とは裏腹に、それだけの期間施設を利用するためには、一年以上待たなければならなかった。ようやく自分たちの利用できる番が回ってくると、私たちは寝る間も惜しんで作業を行った。それは、私たちのあともこの施設の利用スケジュールがぎっしり詰まっていたからでもあり、機器の操作にはかなりの正確さが要求されるため、調節に時間がかかったからでもある。しかしそれだけの価値はあった。この粒子加速器から放出される強力なシンクロトロン放射光により、きわめてコントラストのはっきりした映像が手に入ったのだ。非常に細かい部分まで容易に読みとることのできる画像である。

そして私は、現在も続いているこれらの調査の結果と、世界中を飛び回って手に入れた科学的成果から、次のような結論を引き出した。すなわちトゥーマイは現段階では最古のヒト科であり、その地質学的年代は七〇〇万年以上前と考えられる、ということだ。性も分類群も私の考えていたとおりだった。トゥーマイはチンパンジーでもゴリラでもない。

トゥーマイについて、世界中で徹底的な分析を重ねた結果わかったことを、以下に記してみよう。

まずは生活環境だが、もはや説明するまでもないだろう。現在のボツワナ、カラハリ砂漠中央に位置するオカバンゴ・デルタにきわめて近い環境だったと思われる。トゥーマイの発掘場所で発見された脊椎動物の化石をもとに、哺乳類の進化の程度を生物年代学的な観点から調べたところ、七〇〇万年前に近い年代を示していることから、アベルよりもおよそ二倍古いことになる。また、フィリップ・デュランジェとマチュー・シュステールによる堆積物調査の結果、オカバンゴ・デルタのようなモザイク風景が、湖と砂漠の間、つまり湖の周辺に形成されていたことが確認された。トゥーマイは、このモザイク風景の中の森林地帯で生活していたものと思われる。森林であれば、食べ物（果物、葉、木の実など）を見つけることも、恐るべき捕食者から身を守ることもできただろう。

五〇種以上に及ぶ無数の化石も分析の対象となった。その半数以上が原始的な哺乳類である。その動物の中には、水生や水陸両生の種もいれば、河辺林やサバンナ、イネ科の植物の草原に生息していた種もいる。どうやらトゥーマイは、アベルの発掘場所から西へ一五〇キロメートル離れた場所で発見されているものの、アベル同様、広大な野外動物園のような環境で生活していたようだ。そこには、げっ歯類、サル、食肉類、ゾウ、三指のウマ、キリン、レイヨウ、カバ、大型のニャンザケルス、鳥、ワニ、多種多様な魚がいた。それだけではない。サーベルのような上顎犬歯をもつ新種のネコ科、マカイロドス・カビルの化石も発見されている。体重四〇〇キログラムを超えるきわめて大型の肉食獣である（食肉類の専門家ルイ・ド・ボニとステファヌ・ペニェが報告）。そんな動物の近くで生活するのは危険だったに違いない。そう考えるとトゥーマイは、二足歩行していたとしても、ルーシーのように木によじ登ることもできたのではないだろうか。大型の捕食者がそばにいるのなら、高所にねぐらを構えるのはきわめて常識的なことと思われる。

トゥーマイの年代は、生物年代学に基づき、あわせて発見された哺乳類の進化の程度を考察した結果、七〇〇万年前と推測された。絶対年代を調べる放射年代測定は、この化石産出地に火山岩や放射性元素がなかったため、二〇〇六年まで実施できなかった。また、ジュラブ砂漠はどこも地質学的にきわめて平板であり、適切な地質断面図もないため、古地磁気の分析を行うこともできなかった。しかし現在では、放射年代測定が可能になり、その分析が進行中である。この測定はさまざまな放射性同位体について行われる予定であり、アルゴン（火山ガラス）やベリリウム（太陽風）などの測定結果から総合的に判断することになるだろう。これで、生物年代学による推測値を立証することもできそうだ。

ここでもう一度、トゥーマイの歯について考えてみよう。トゥーマイは古代のメスのゴリラではないかと反論する学者たちの根拠は、上顎犬歯にあるからだ。二〇〇一年以降の調査・分析により、この歯について何が明らかになったのだろうか？　まず、歯列弓はU字形である。だが、上顎犬歯の歯冠は円錐形をしていて短く、後部の研磨面と稜がなく、先端が丸くなっている。いずれの特徴もヒト科に近く、アフリカ類人猿とは大きく異なる。しかし今のところ、中新世後期のほかのヒト科との比較はできない。ほかの三種では頭蓋骨が見つかっていないからだ（逆に、ほかの三種で見つかっている四肢骨がトゥーマイにはない）。一方、トゥーマイの下顎犬歯は、上顎犬歯ほど派生的な特徴を示していないように見える。小さく、円錐形をしているが、アルディピテクスより均整がとれており、類人猿に近い。だが、全体的に原始的かと言われると、必ずしもそうではない。オロリンの発見者は、オロリンの上顎犬歯はメスのチンパンジーに似ていたのではないかと推測しているが、これはトゥーマイには当てはまらない。また、トゥーマイの歯はアウストラロピテクスの歯より小さく、歯列に歯隙も見られない。このように、トゥーマイの歯は、原始的な特徴と派生的な特徴とをあわせもっていると言える。しかし、先にも述べたように、上顎犬歯は小型の円錐形で、後部に研磨面と稜がない。この研磨面と稜はゴリラやチンパンジーに見られるもので、下顎第一小臼歯の外面で研がれる構造になっている。類人猿では、この下顎第一小臼歯と上顎犬歯が〈研ぐ―研がれる〉関係にある（原始的な特徴）が、トゥーマイやほかのヒト科にはこの関係が見られない（派生的な特徴）。また、トゥーマイの犬歯は、ほかのヒト科の犬歯同様、歯冠の先端が丸くなっている。さらにその歯冠は、門歯よりほんのわずか高いだけである。類人猿がもつ、歯冠がきわめて高く尖っている犬歯とは対照的だ。

しかし、それ以上に驚かされたのがエナメル質の厚さである。東京で測定した結果、トゥーマイは類人猿ともヒト科とも異なる特徴を示していることが判明した。唯一の例外はアルディピテクスだけである。その歯を覆うエナメル質は、チンパンジーよりも厚く、ほかのヒト科よりも薄かったのだ。この中間的な厚さのエナメル質のおかげで、進化によりエナメル質の厚さが変遷していった過程が初めて解明された。つまり両者の共通祖先のエナメル質の特徴を特定できたのである。これまで、エナメル質の厚さについては、発見物との関連で時代により学者の意見が変わった。祖先のエナメル質は厚かったと言われていた時代もあれば、薄かったと言われていた時代もある。しかし今では、ゴリラやチンパンジーのような薄いエナメル質は、祖先から受け継いだ特徴だと考えることができる。多少なりとも厚いエナメル質は、派生的な特徴なのだ。このエナメル質の厚さは、明らかに食性と関係がある。生肉は意外に硬い。やわらかい食べ物も硬い食べ物も食べるためには、エナメル質は厚くなければならない。逆に、ゴリラやチンパンジーのように、熟した果物ややわらかい若葉しか食べないのであれば、薄いエナメル質で十分である。それが祖先の特徴でもあったのだ。トゥーマイに関していえば、歯の形や中間的なエナメル質の厚さから判断するかぎり、その歯はすでに、さまざまな種類の食べ物に対応している。果物や若葉も食べていただろうが、もっと硬い食べ物をかみ砕くこともできたに違いない。場合によっては家族で腐肉をあさったり、子ザルを捕食したりするなど、食事のメニューに肉を多少加えていたかもしれない。このような新たな進化レベルをしめしていることからも、トゥーマイはヒト科に含まれると判断できるのではないだろうか？　その進化とは、雑食性の獲得である。アフリカ類人猿は、その食べ物を湿潤な密林に頼ったままだったが、トゥーマイは、雑食性を獲得することで、厳しい環境にも順応していった。

次に頭蓋骨を検証してみよう。二〇〇一～二〇〇五年にかけての調査の結果、頭蓋骨からさまざまな情報を入手することができた。まずは全体的な外観である。頭蓋骨の各要素や歯から推測すると、トゥーマイの身長は一・二〇～一・三〇メートルだったようだ。チンパンジーに近い身長である。だが、チンパンジーとの類似点はそれだけだ。実際トゥーマイの頭蓋骨はチンパンジーにもゴリラにも似ていない。いや、何にも似ていないといったほうが正確だろう。その頭蓋骨の形は、現在までに報告されているどのアウストラロピテクスとも異なる。むしろ、さらに後代のヒト科がもつ派生的特徴を備えている。つまり、ゴリラやチンパンジーには見られないヒト科固有の特徴である。たとえば、顔面が上に立ち上がっており、あまり前方に突き出していないため、さほど突顎ではない。頭蓋はどちらかと言うと長めである。後頭基底部は短く、大後頭孔（脊髄の出口、第一頸椎との関節部）が前寄りに移動しており、項面が後方へあまり傾斜していない。これは、後の時代のヒト科に見られる特徴で、二足歩行に関係している。チンパンジーやゴリラに限らず、四足歩行をする動物はいずれも、後頭基底部が長く、大後頭孔はもっと後ろにあり、項面は後方へ傾斜しているか、さらに垂直に立ち上がっている。

トゥーマイの脳容量は三五〇〜三八〇cc程度と少なく、一般的なチンパンジー（パン・トログロダイテス）の脳容量の個体差の範囲内に含まれる。トゥーマイを認めない学者は、トゥーマイを類人猿とみなすもうひとつの論拠として、この点を主張している。だが、その反論としては、最近インドネシアで発見されたホモ・フローレシエンシスも、同程度の脳容量（三九〇cc）しかもっていなかったことを指摘すれば十分だろう。それに、現代人の脳容量を見てもかなりの個人差がある。現代人の脳容量は平均一四〇〇〜一五〇〇ccだが、アナトール・フランスのように一〇〇〇ccしかない人もいれば、クロムウェルやツルゲーネフのように二〇〇〇ccもある人もいる。この例からもわかるように、容量が大きいほど機能が優れているとは限らない。神経生物学者によると、脳の機能は容量よりもむしろ神経の結合の程度に左右されるという。

トゥーマイの頭蓋骨、とりわけその後頭部の特徴を、現段階の古生物学の知識により科学的に分析するかぎり、トゥーマイが二足歩行していた可能性は高い。だがもちろん、四肢骨を発見して確認しなければ確かなことはわからない。

ところで、トゥーマイの頭蓋骨は完全にそろっていたが、化石化の過程でゆがみ、つぶれ、壊れてしまっていた。そこで、デジタル化された五〇〇枚ものCT画像をもとに、コンピュータ上でもとの形に復元する作業を行った。解剖学的なさまざまな特徴、特に歩行方法にかかわる特徴を正確に把握するためには、正常な形の復元が欠かせない。コンピュータ上でトゥーマイのゆがんだ頭蓋骨を修正し、三次元的に再構成することができたのは、その分野に精通したマルシア・ポンセ・デ・レオンとクリストフ・ゾリコファーのおかげである。この一風変わった作業は、いくつかの段階を経て行われた。まず、工業用スキャナーにより高解像度のCT撮影を行い、各CT画像をデジタル化する。次に、ゾリコファー教授が開発した専用ソフトウェアを組み込んだグラフィック用ワークステーションに、そのデータを送る。そうすると、各CT画像に対し、堆積物を仮想的に除去したり、頭蓋各部を色分けしてパラメータ化したりする作業を、マウス操作で行えるようになる。そして最後に、解剖学的な法則や制約に従い、パラメータ化された頭蓋各部をコンピュータ空間上で組み合わせていく。その際、作業の信頼性を確保するため、二人の専門家がそれぞれ異なる方式に従って作業を進めることにした。ひとつは幾何学に基づいた方式、もうひとつは、霊長類の頭蓋骨に固有の解剖学的制約を考慮した方式である。こうして作成された各方式二つずつ、計四つの復元モデルは、互いにわずか一パーセントの差しかないほど類似したものとなった。類人猿やヒト科に普通に見られる個体差よりも小さな値である。

コンピュータ上での再構成が終わると、今度はステレオリトグラフ・レーザーを用い、復元データから樹脂製の模型を作った。こうして頭蓋骨は、まるでタイムマシンで当時に帰ったかのように、七〇〇万年前の姿形を取り戻した。コンピュータ空間上で頭蓋各部の骨をゆがみなく再構成した姿がそこにあった。その後、この模型をもとに幾何学的形態計測を行った結果、コンピュータ上で復元されたトゥーマイの頭蓋骨を、ゴリラやチンパンジーの頭蓋骨に組み換えることは、解剖学的に不可能であることが証明された。それはなぜか？　解剖学的な完全性が失われてしまうからだ。わかりやすく言えば、もしこの頭蓋骨をゴリラやチンパンジーの頭蓋骨の形にしようとすると、頭蓋骨が壊れてしまうということだ。トゥーマイより一〇〇万年以上新しいオロリンの発見者二人には悪いが、トゥーマイが古代のゴリラでないことは確かなようである。

また、この復元模型から、眼窩平面と大後頭孔平面の角度が九五度に近い鈍角を示していることが明らかになった。二足歩行者であるほかのヒト科についてこの角度を調べてみると、九五度というのは個体差の範囲内に含まれる値である。ちなみに、現代人の角度は九〇〜一〇五度だが、四足歩行をするゴリラやチンパンジーの角度はおよそ六〇〜七〇度とかなりの鋭角である。四肢骨が発見されなければ、トゥーマイが二足歩行をしていたかどうか結論を下すことはできないが、解剖学的に見て、この頭蓋骨に二足歩行の痕跡がすでにはっきり刻まれていることは明らかだ。

トゥーマイの頭蓋骨に見られる眼窩上の大きな隆起についても、その解剖学的構造を詳細に分析しておくべきだろう。一部の学者が、それこそゴリラの仲間であるしるしだと主張していたからだ。トゥーマイの眼窩上の隆起は、およそ二〇ミリメートルの厚さにも及び、現代のオスのゴリラ並みに発達している。そのトゥーマイがメスのゴリラだったとしたら、オスは、現代のゴリラの性差から考えると、四〇ミリメートル以上の隆起をもっていたことになる。解剖学的には考えられない数字である。さらに、トゥーマイの眼窩上隆起は、原始的なホモ属の隆起に似ているが、類人猿の隆起とはかなり異なる。こうした理由からトゥーマイはオスだとあくまで主張したい。この大きな隆起は、性的な魅力と関係があるのではないかと思われる。メスは、眼窩上隆起の発達したオスを好んだのかもしれない。

頭蓋の内側の形状から脳そのもののイメージを再現することは可能なのだろうか? 実は現在、グルノーブルのヨーロッパ・シンクロトロン放射光施設に、そのような見地に立った新たな調査プロジェクトを提案しているところである。シンクロトロン放射光でトゥーマイの頭蓋骨のCT画像を撮り直し、前回以上にコントラストのはっきりした画像を手に入れることができれば、化石化する過程で消えてしまった頭蓋内の骨板を、部分的に復元できるかもしれない。それだけではない。たとえば恐竜はあれだけ大きな体をしていながら、きわめて小さな頭蓋しかもっておらず、その中にごく小さな脳が浮かんでいるような状態だった。そのため、頭蓋の内壁を見ても何の痕跡も残っていない。一方、哺乳類は、頭蓋内に大きな脳が詰まっているため、頭蓋の内壁に脳回（大脳皮質のしわの隆起した部分）の跡が残っている。その形態を比較調査すれば、中枢神経システムをより深く理解できるようになるのではないだろうか？　実際すでにこのような分析が、現代人ばかりでなく、タウング・チャイルドなどのアウストラロピテクスを対象に行われている。両者を比較すれば、きわめて多くの情報を手に入れることができるだろう。

しかし、そのような研究の成果を待たなくても、トゥーマイが原始的特徴と派生的特徴をあわせもつユニークな存在であることに変わりはない。このモザイク的な特徴から判断するに、トゥーマイはゴリラやチンパンジーなど現代のアフリカ類人猿とは明らかに異なる。また、これまでに報告されたどんなヒト科の種とも異なる。トゥーマイは、中新世後期のものと報告されたアルディピテクスやオロリンとともに、人類の新たな進化レベルを示している。しかも、現段階では人類史の中でももっとも古い進化レベルであり、歴史上に現れたひとつの進化レベルという点では、アウストラロピテクスやパラントロプスやホモに決してひけをとるものではない。そこで私は、これまでの研究成果に基づき、トゥーマイに新たな属名、新たな種名を与えることにした。そしてチャド大統領に、トゥーマイの学名をサヘラントロプス・チャデンシス（チャドのサヘル地方のヒトの意）としてはどうかと提案した。トゥーマイがサヘル地方にもチャドにも属していることを表そうとしたのである。

私たちは上記の分析結果を、『ネイチャー』誌などに五度にわたり発表した。最初の二つは、トゥーマイを発見した一年後、二〇〇二年七月に『ネイチャー』誌に発表したものだが、トゥーマイが人類の始祖であるとは断言していない。ただ当初の分析結果に従い、トゥーマイはヒト科に含まれること、中新世後期の種の中では最古の部類に属すること、アルディピテクスの祖先である可能性も否定できないことなどを記すにとどめた。ちなみに私は便宜上、習慣的に、ヒト科とパン科（チンパンジー）とは兄弟関係にあり、ヒト科とパン科をあわせてゴリラ科と兄弟関係にあると考えている。

ここで念のため『ネイチャー』誌について説明しておこう。国際的な科学誌の中でも、『ネイチャー』誌と『サイエンス』誌は、この研究分野における模範的な雑誌と考えられている。大げさに言えば、両誌はこの分野で認められるきっかけとなる。そんな『ネイチャー』誌が、トゥーマイを認めたのである。『ネイチャー』誌に提出された論文は、国際的に有名な該当分野の専門家の中から選ばれた五名の審査員（匿名）による審査を受ける。科学的に厳しく吟味され、審査員から指摘を受けたり、補足や修正を要求されたり、詳細の提示を求められたりする。論文の内容すべてが証明できなければならないのだ。また習慣的に、掲載されたあらゆる論文に対し、ほかの学者が疑義を呈することができる。

論文の著者は、この短報（brief communication）と呼ばれる質問状に答えても答えなくてもいい。私は、きわめて攻撃的な質問状を送ってきたオロリンの発見者二人に対し、返答するほうを選んだ。その内容は、一言で言えば「感情論は科学ではない」ということだ。ダーウィン以来、自然の分類は、同じ分類群に属する生物は同じ派生的特徴をひとつ以上備えていることを前提にしている。私は返答の中で、科学的な根拠のない主張や感情論ではなく、ゴリラとトゥーマイに共通する派生的特徴をひとつでも科学的に証明できるのなら、国際的な雑誌上で証明してみるがいいと述べた。だがそれ以来、そのような解剖学的特徴が発表された形跡はない。というのも、トゥーマイには、ゴリラやチンパンジーと共通する派生的特徴がひとつもないからだ。私は『ネイチャー』誌の二〇〇二年一〇月一〇日号に発表されたこの返答を、調査で東京に出向いている折に書き上げたため、あえてこんな表現を用いた。「トゥーマイを古代のメスのゴリラだと考えるのは、サムライの刀を栗の脱穀棒と間違えるようなものである」

五つ発表した論文のうち、残りの二つも『ネイチャー』誌に、最後の論文は二〇〇五年にアメリカ科学アカデミー紀要（PNAS）に発表した。そしてその中で、コンピュータで三次元的に復元した頭蓋骨の分析、およびその幾何学的形態計測の結果から、トゥーマイがやはりヒト科に属すること、二足歩行をしていたことを立証した。また、そのモザイク的な特徴について詳細な記述を行い、そうした特徴からトゥーマイが新たな種だと判断できること、しかも現段階ではヒト科最古の種であることを証明してみせた。

チャド大統領との約束を忘れていなかった私は、トゥーマイ発見の一年後、最初の論文が『ネイチャー』誌に発表される前に、再びンジャメナの地を踏んだ。大統領は、南アフリカのダーバンで開催されていたアフリカ諸国首脳会議に出席していたが、早々に切り上げて帰国の途についていた。歴史的な大発見の報告を聞き、トゥーマイにしかるべき栄誉を与えるためである。情報の差し止めは、二〇〇二年七月一〇日一九時（ンジャメナ時間）に解除されることになっている。大統領専用機が一八時四五分に着陸し、やがて大統領一行が官邸に到着すると、私は早速報告を行った。トゥーマイは七〇〇万年以上前の人類であり、現段階では最古のヒト科である、と。やがて開かれた記者会見には、二〇〇〇名もの聴衆が殺到した。閣僚、すべての国会議員、ジャーナリスト、著名な知識人など、誰もが新たな人類史の幕開けに立ち会おうとしていた。記者会見は忘れられない感動的な祝宴と化した。

人類史の夜明け

解剖学的特徴からわかること以外に、トゥーマイは人類の起源について何を教えてくれたのか？ほかのヒト科とはどのような類縁関係にあるのか？　その年代や地理的位置からどんなことが推測できるのか？　つまり、トゥーマイは人類について、どんな新たな情報をもたらしてくれたのか？

古人類学界では、この三〇年にさまざまな発見が相次ぎ、そのたびに新たな学説が展開されてきた。アフリカ人、ヨーロッパ人、アメリカ人に限らず、古人類学に携わる者であれば、誰にとっても刺激的な時期だったに違いない。レイモンド・ダートが初めてのアウストラロピテクス属であるアウストラロピテクス・アフリカヌスを発表したのは、一九二五年である。それから五〇年ほど経った一九七〇年代半ば以降、新たなヒト科が次々と発掘されていった。一九七四年には、エチオピアでアウストラロピテクス・アファレンシス（三六〇万〜三〇〇万年前）の部分骨格化石が発見され、ルーシー（三二〇万年前）と名づけられた。一九九四年にはエチオピアで、ティム・ホワイト率いる調査団がアルディピテクス・ラミダス（四四〇万年前）を、一九九五年にはケニアで、ミーヴ・リーキー率いる調査団がアウストラロピテクス・アナメンシス（四二〇万〜三九〇万年前）を発表している。さらに二〇〇一年には、ケニアで新属新種が確認された。六〇〇万年前のオロリン・ツゲネンシスである。同じ二〇〇一年には、ヨハネス・ハイレ＝セラシがエチオピアで発掘したアルディピテクス・カダバ（五八〇万〜五二〇万年前）の発表も行われている。加えて、大地溝帯から西へ二五〇〇キロメートルも離れたチャドからトゥーマイが現れ、二〇〇二年に発表された。七〇〇万年以上前の化石である。このトゥーマイについては、三つの仮説を立てることができるのではないだろうか。

第一に、大地溝帯から西へ二五〇〇キロメートル以上も離れた場所でアベルとトゥーマイが発見されたということは、当時一般的に考えられていたよりも早くから、アフリカ大陸の広い範囲に人類が分布していたということである。

第二に、トゥーマイの年代を考慮すれば、ヒトとチンパンジーの分岐は、大半の分子系統学者が考えているよりも古い時代に起きたことになる。一九九四年までは、三六〇万年前を超えるヒト科の化石は見つかっていなかった。それがトゥーマイの発見により、七〇〇万年前まで一気に時代をさかのぼった。その時代差を実感したければ、ルーシーと比較してみればいい。三二〇万年前に生息していたルーシーは、長い間人類の祖母と考えられてきた。しかし今やそのルーシーが、トゥーマイよりも現代人に近い存在になってしまったのだ。

第三に、トゥーマイが、すでに報告されていた種とは異なる、新たな種に属するということである。一九九四年から二〇〇二年までの間に、人類の系統樹の長さも分類群の数もそれまでの二倍になった。分類群の数で言えばこれまで知られていた三属に加えて新たに四属が報告され、合計七属となった。いまだ謎が多い人類史だが、比較的新しい時代にホモ、パラントロプス、アウストラロピテクス、ケニアントロプスが、比較的古い時代にアルディピテクス、オロリン、サヘラントロプスがいたことが確認されている。そして古い三属はいずれも中新世後期に属し、同じ進化レベルにあった可能性がきわめて高い。つまりホモ、アウストラロピテクスに続き、人類の進化史で第三の段階を示していると思われる。

それ以来、少なくとも一定の時期にわたり、ヒト科が種を盛んに分岐させて進化していったことは間違いないと考えられるようになった。兄弟関係にあるパン科から分岐して以来、時には複数種のヒト科が共存していたようだ。現代のヒトが、ヒト科の唯一種として地球上に君臨するようになったのは、およそ三万五〇〇〇年前のことでしかない。しかもその時期は、インドネシアの島で一万三〇〇〇年前に絶滅したホモ・フローレシエンシスが最近になって発見され世間を驚かせたように、さらに新しくなる可能性さえある。こうして人類史は、一本の幹から断続的あるいは連続的に無数の枝を伸ばしつつ展開されてきたと考えられるようになり、人類が直線的に進化してきたとする考えは決定的に否定された（本書を執筆している二〇〇六年にも、まだそう考える人がいないわけではない）。その中で、原始的特徴と派生的特徴をあわせもつトゥーマイは、人類史の中でもきわめて初期のものと思われる特徴を示している。しかし、後の時代のアウストラロピテクスとどのような類縁関係にあるのか、正確なところはわからないままだ。トゥーマイは確かに、アウストラロピテクスといくつかの共通点をもっている。トゥーマイはアウストラロピテクスの祖先なのだろうか？　それとも、子孫を残すことなく消えてしまった特異な種なのだろうか？

トゥーマイは、その他の化石人類とどのような類縁関係にあるのだろうか？　そこで、MPFTに参加していたフランス、アメリカ、スイス、チャドの研究者九人から成るグループが、幾何学的形態計測技術を利用した調査を行った。トゥーマイ（サヘラントロプス・チャデンシス）、アフリカ類人猿、その他の化石人類、現代人それぞれの頭蓋骨が、形態的にどれだけ類似しているかを測定してみたのである。まずは、三〇ヵ所ほど基準点を選び、コンピュータ上に復元されたトゥーマイの頭蓋骨に印をつけていく。そしてその作業をほかの種の頭蓋骨にも行っていく。比較する頭蓋骨は、類人猿、化石人類、現代人のものを合わせると一〇〇個以上になった。あとは、標準的な定量的データ（尺度や割合など）や数学的な形態分析方法で補完しながら、それぞれの頭蓋骨にマークした各基準点の相対的位置を比較すれば、類似点や相違点が明らかになる。こうして一〇〇個ほどの頭蓋骨を数学的に分析した結果、これらの頭蓋骨は形態的に三つのグループに分けられることが判明した。現代人だけから成る第一グループ、ボノボ、チンパンジー、ゴリラといった類人猿から成る第二グループ、化石人類から成る第三グループである。トゥーマイは、アウストラロピテクス属、パラントロプス属、ホモ属とともに、第三グループに属している。数学的に検証したのだから議論の余地はないだろう。この新たなアプローチでも、トゥーマイがヒト科に属することが立証されたことになる（もはや立証の必要はないかもしれないが）。

二〇〇一年以来行われた分析により、トゥーマイがヒト科のさまざまな派生的特徴を備えていることが明らかになっている。その特徴を列挙してみよう。犬歯は研磨による稜のない円錐形で、歯冠は低く、先端が丸くなっている。下顎第一小臼歯と上顎犬歯が〈研ぐ―研がれる〉構造になっていない。エナメル質の厚さが中間的で、歯隙がない。鼻下の突顎はきわめて小さい。後頭基底部が短く、大後頭孔が前寄りに位置しており、項面が後方へあまり傾斜していない。眼窩平面と大後頭孔平面の角度が九〇度を超えている（最後の三つの特徴は、トゥーマイが二足歩行をしていた可能性を示唆している）。こうした解剖学的特徴は、トゥーマイがヒト科に含まれることを証明しているように思われる。そして、現在明らかになっている事実から判断するかぎり、そのモザイク的な特徴から、次のような仮説を導き出すことも可能だろう。すなわちトゥーマイは、現代人を含む後代のヒト科すべての共通祖先とも言うべき原始的なヒト科の一種なのではないだろうか。そして、それら原始的なヒト科がアルディピテクス属を、あるいはアウストラロピテクス属を生み出したのではないだろうか。現段階では、その可能性はきわめて高いように思われる。しかし、それを証明するためには、新たな化石の発見が必要であることは言うまでもない。新たな証拠がなければ、この仮説を立証することも否定することもできない。

またそれに加え、東アフリカで発見された中新世後期の二種（アルディピテクス・カダバとオロリン・ツゲネンシス）

など、同時代の化石のさらなる研究を行う必要があるだろう。

だが、その解剖学的特徴や地質学的年代を総合すれば、トゥーマイが、ヒトとチンパンジーの最終共通祖先に近い、きわめて初期のヒト科と考えることは可能である。

アベルの科学的価値が、大地溝帯の西側にヒト科がいたことを証明したことにあったとすれば、トゥーマイの価値は化石が欠落していた空白の時代を埋めたことにある。古生物学者はそれまでに、最大六〇〇万年前にまでさかのぼるヒト科の化石を数多く発掘してきた。しかしその一方で、類人猿の祖先の化石については、今日に至るまでほとんど見つかっていない。それはなぜか？　私に言わせれば、化石があるところを誰も探そうとしないからだ。夜に帰宅して玄関前で鍵を落としてしまった人が、鍵が落ちたところではなく、電灯に照らされた光の輪の中だけを探しているようなものである。

だが化石はなくとも分子生物学の功績により、二〇〇〇年代初頭には現代人とチンパンジーが遺伝的にきわめて近いことが証明され、その分岐がおよそ五〇〇万年前に起こったと推測されるようになった。そこへトゥーマイが新たな標柱を打ち立てた。七〇〇万年前という人類史ではもっとも古い標柱である。それは、ヒトとチンパンジーが分岐したおおよその年代を具体的に描いて見せた。ヒトとチンパンジーの最終共通祖先へ、私たちを近づけてくれたのだ。さらに同時代の類人猿の化石が発見されれば、私たちの知識はいっそう深まることだろう。

だが、ヒト科相互の類縁関係についてはいまだわからない点が多い。ヒト科の種は多様であり、それがこの問題を複雑にしている。これらの種の中には、連綿と子孫を残し、私たちの祖先となった種もあれば、絶滅してしまった種もあるだろう。私は現在、人類が出現した時期まであと少しのところにいると確信しているが、それがわかったところで、後に出現したヒト科各種の類縁関係の解明には何の役にも立たない。ヒト科の古代種は、森のはずれにたどり着いた時、どのように進化し、どのように移動していったのだろうか？　中央アフリカのヒト科と東アフリカや南アフリカのヒト科の間には、どのような生物地理学的関係があるのか？　こうした疑問はいずれも解明されていない。若い研究者が活躍できる舞台はまだまだある。

6
これからの展望

まずは、現段階で解明されていることを簡潔にまとめてみよう。

四六億年に及ぶ地球の歴史の中で、四〇〇〇万年前に真猿類が、八〇〇万～七〇〇〇万年前にヒト科が、そして三〇〇万～二〇〇万年前にホモ属が現れた。

一五〇年にわたる世界中の古生物学者のたゆまぬ努力により、古代のヒト科にはさまざまな種があったことが判明し、人類の系統樹のイメージは次第に明確になりつつある。系統樹を理解するには、幹から出発し、さまざまな枝をたどっていくのがもっとも簡単な方法だろう。だが、実際の作業はその正反対である。発掘作業により見つけたさまざまな枝から、源まで時間をさかのぼっていかなければならない。堆積物の特徴から、あるいは化石として見つかった動物や植物の組み合わせから、人類の進化史を再構成し、その生活と切り離すことのできない環境の移り変わりをひも解かなければならない。専門家でない人には、非現実的であやふやな仕事に見えることだろう。

しかし、それでも古生物学は進歩を続けている。少なくとも現時点では、次のことが明らかになっている。私たち人類の出現は温暖な気候と密接なかかわりがあり、その起源はアフリカの熱帯地方に求められる。ヒトとチンパンジーとの最後の分岐は、八〇〇万～七〇〇〇万年前に起こったのだろう。この分岐に間違いなく影響を与えていると思われるのが、環境の変化である。人類の生活環境は、湿潤な熱帯雨林から、季節のはっきりした水辺の森林地帯に変わった。現在のボツワナにあるオカバンゴ・デルタを思い浮かべてもらえばいいだろう。人類の二足歩行は、東アフリカのサバンナで始まったのではない。

この分岐以後、人類は直線的に進化したわけではなかった。人類史の中で、数種のヒト科が共存していたことが何度もあったようだ。そして、西ヨーロッパでネアンデルタール人が絶滅した三万年前、あるいはインドネシアでホモ・フローレシエンシスが絶滅した一万三〇〇〇年前（人類の進化史から見ればつい最近のことである）になって初めて、現生人類であるホモ・サピエンスがヒト科の唯一種として、地球を独占することになった。

たとえば、道具を使うことのできたパラントロプスは、数千年の間、ホモ・ハビリス、ホモ・ルドルフェンシスなどの初期ホモ属と同時期に生息していた。これまでに確認されたヒト科は七属に及ぶ。私見によれば、さらに多くの属が発見されることだろう。ほかの哺乳類の進化史に照らしてみれば、ヒト科がこれだけの種を分化させたのも驚くべきことではない。そもそも、人類だけが特別な進化を遂げるはずがないのだ。そう考えるのは、アメリカの〝インテリジェント・デザイン〟を信奉する新天地創造論者だけだろう。最近私は、パリで開かれた討論会でこんな発言を耳にした。「進化には二種類あります。人間の進化と動物の進化です」。ダーウィン以来、このような主張が間違っていることは論をまたない。彼らはただ、人間がほかの動物と同じだと謙虚に認められないのだ。しかし、現代の古生物学の成果を見れば、従来の人類史の考え方は改めざるを得ない。長らく従来の考え方が受け入れられてきたのは、人間はほかの動物とは異なる独自の法則に従って進化してきたと主張することで、人間を特別扱いしてきたからにほかならない。ヒト科の進化の過程を示す証拠を見れば、人間があらゆる動物と同等であることは明白である。ウシ、サル、ヒト、魚、いずれも生物界全体に共通する進化の法則に従っているのだ。人間文化の遺産であるこの自己中心的な考え方に疑義を抱き、それを改めることができたのは、化石のおかげ、あるいは古生物学のおかげと言っていいだろう。古生物学はタイムマシンなのである。

ヒト科のさまざまな頭蓋骨を幾何学的形態計測により分析した前述の結果を見ても、トゥーマイを含め、ヒト科のさまざまな種が同じグループに属することがわかるだろう。前章で説明したように、それらの頭蓋骨は、大きさなどいくつかの点で相違はあるものの、基本的には同一の構造をしている。その一方、サヘラントロプス属、アウストラロピテクス属、パラントロプス属、古代のホモ属を含むこのグループは、アフリカ類人猿とも現代人とも明らかに異なる。

また、人類史の三分の二以上がアフリカ大陸で展開されたことも強調しておきたい。人類はこれまで、ほとんどの時間を人類発祥の地で過ごし、おそらく三〇〇万～二〇〇万年前に世界各地へ旅に出た。現在知られているユーラシア大陸最古のホモ属は、グルジアのドマニシや中国で見つかっているもので、いずれも二〇〇万年前をやや下回っている。

アベルとトゥーマイはそれぞれ、新たな事実を提示し、初期人類史に対する考え方を劇的に変えた。逆説的な言い方になるが、この二つの化石により私たちは、レイモンド・ダートと同じ立場に立つことになった。一九二五年ダートは、タウング・チャイルドを新たな進化レベルを示すものと考え、アウストラロピテクス属と名づけた。それまで、ホモ属に見られる進化レベルしか確認されていなかった人類に、第二の進化レベルを加えたのである。そして二〇〇一年、アルディピテクス（エチオピア）とオロリン（ケニア）が人類史の新たな扉を開き、その直後の二〇〇二年には、それを補完する形でトゥーマイ（チャド）が発表された。中新世後期に位置づけられるこれら三つの新種は、アウストラロピテクス属ともホモ属とも異なる新たな進化レベルを示していた。この第三の進化レベルが、中央アフリカでも東アフリカでも確認されたことになる。解剖学的特徴から総合的に判断すれば、アウストラロピテクス属がホモ属へ進化していった可能性は高いと思われるが、それと同様に、最近になって発見された中新世後期のサヘラントロプス、オロリン、アルディピテクスも、おそらくはアウストラロピテクス属に進化していったのだろう。ただし、その進化の過程については、まだまだ解明すべき点が多い。

一方、類人猿の進化史については、それを理解する手がかりや指標が著しく不足している。私たちはこれまで、チンパンジーとヒトの最終共通祖先ばかりを問題にしてきたが、ではゴリラとヒト（ヒトとチンパンジーの双方）の最終共通祖先はどんな姿形をしていたのだろう？ 確かなことは何もわかっていない。また、その共通祖先はどこに生息していたのか？ チンパンジーとヒトの共通祖先はおそらくアフリカだろうが、ゴリラ、ヒト、チンパンジーの共通祖先はアフリカかもしれないしアジアかもしれない。驚きの発見がなされる可能性はまだ十分にある。そう考えれば、古生物学に携わる者、特に若い研究者にはいい刺激になるだろう。私たちにはさらに多くの資料、さらに多くの化石が必要だ。オロリン・ツゲネンシス、アルディピテクス・カダバ、サヘラントロプス・チャデンシス相互の類縁関係を理解するにも、それぞれの新たな化石の発掘が欠かせない。特にオロリンとアルディピテクスの頭蓋骨、サヘラントロプスの四肢骨である。そうして初めて比較分析が意味のあるものとなり、これら三つの標本が最終的にいくつの属、いくつの種に分けられるのかを明確に定めることができる。現段階で答えを出すのは時期尚早というものだろう。しかし、三種のうちの二種——オロリンとアルディピテクスは、時代的にも（六〇〇万年前と五八〇万年前）地理的にも（ケニアとエチオピア）きわめて近いが、トゥーマイは、それらから西へ二五〇〇キロメートルも離れた別の生物地理区に属しており、時代も一〇〇万年以上古い。また、解剖学的にもほかの二種とは異なることを示す論拠がそれなりにあったことから、トゥーマイが別種であると私は考えた。その判断の背景として、トゥーマイと同じ七〇〇万年前の動物相の生物地理学的関係について現在わかっていることを記しておくべきだろう。第一に、当時チャド湖からリビアのシドラ湾に至るまで水圏が連続していた。これは、水辺を好むカバ科やアントラコテリウム科（カバ科と兄弟関係にある科）の同じ種が、どちらの地域にも存在していたことにより証明されている。第二に、同時期にこの水圏は、東アフリカの水圏と繋がっていなかった。これは、両地域に生息していたカバ科の種が異なること、東アフリカにはアントラコテリウム科の種がいなかったことにより証明されている。こうした情報から、七〇〇万年前のヒト科が移動した可能性のある方向を考察してみれば、現段階では、サヘラントロプスを同時代の東アフリカのヒト科と同じ属にまとめる気にはなれない。ティム・ホワイトやその仲間であるヨハネス・ハイレ＝セラシもそれには同意見のようだ。若い研究者たちにはぜひ、この問題の解明に取り組んでもらいたい。この時代のヒト科の化石は今後もあまり出土しないと思われるため、おそらくその解答は、同時代の動物相の生物地理学的関係（動物の行き来があったかどうか）の研究を通して与えられることになるだろう。その結果、ヒト科の移動が可能だったかどうかも相関的にわかるからだ。この問題の解答もやはり土の中ということになる。

フランスの研究監督機関は、最近になってようやく予算管理に問題があることに気づいたようだ。フランスの古生物学調査団が先頭に立って発掘を行えるようにと、ポワチエ大学、国立科学研究センター（生命科学部門と環境科学・持続的開発部門による《エクリプス》プログラム）、国立研究機構（ANR）が私の研究を支援してくれることになり、かなり高額の研究予算が下りた。全米科学財団がアメリカの一流大学の古生物学調査に認めている予算に匹敵する額である。この新たに設立されたANRが、アメリカを手本にして、プロジェクトごとに予算を管理する従来の方針を改めたからにほかならない。改革は、今後の科学の発展に大きく寄与することになるだろう。ただし、国立科学研究センターなどのフランスの主要研究機関がANRに資金を奪われ、骨抜きにされるようなことがなければの話である。さらに私は向こう一〇年間、フランス外務省の管轄となる考古学発掘調査委員会の援助、およびンジャメナのフランス大使館や優先連帯基金の支援も受けられることになった。優先連帯基金とは、研究教育部門が創設されたばかりのンジャメナ大学やCNARでの古生物学研究をさらに発展させるため、二〇〇六年から三年間設置される基金である。こうして私はさまざまな支援を受けられるようになったが、これまで誰の支援も受けなかったというわけではない。ポワチエ大学理学部の学部長、あるいはその補佐役であるポワチエ大学科学評議会議長が、基礎研究としての古生物学に変わらぬ援助を与えてくれなければ、アベルを発見するまで二〇年も発掘を続けることはできなかっただろう。中には短期的な結果を求める人もいるが、そうした考え方はこのような研究になじまない。

フランスがさらなる発展を望むのであれば、何よりもまず確固たる永続的な科学戦略をもつべきだろう。そのためにもフランスは、模倣の国に陥ることなく、革新の国であり続けなければならない。優先すべき科学目標については、政権が交代しても変更しないこと、短期的な結果に振り回されないことが大切である。私の専門のような基礎研究に、応用研究ほど多くの予算を割けないことは重々承知している。グローバリゼーションの時代には、応用研究はその国の競争力を決めるひとつの要素になるからだ。しかし、まず基礎研究がなければ、その後の応用研究もあり得ない。基礎研究を土台としてのみ、応用研究を発展させることができる。基礎研究によるさまざまな発見があってこそ、応用研究は新たな道、新たな方向へ進むことが可能になる。知識の節約は現代の特徴であり、諸国間の軋轢を生み出す要因ともなっているが、アメリカなどに追随する政策を採用しなくてもすむように、基礎研究を保護し、知識を高めることを優先していかなければならない。フランスの研究者は、その教養の広さをアメリカの科学調査団から称賛されている。一部の分野だけでも学界を先導していきたいのであれば、私たちはこの切り札を守り通していくべきだ。古生物学の分野ではさらに、若い研究者に発掘調査を組織させる、行政による障害を取り除く、管理規則を緩和する、などの取り組みを始めることが、喫緊の課題だろう。また、優秀な人材を調達するという点でも、研究資金の確保はますます重要になっている。

この一〇年間は、古人類学上の重要な発見が相次いだ。中でも、ＭＰＦＴがチャドで達成した成果により、私たちはヒトとチンパンジーが分岐した時点にかなり近づくことができた。そこからさほど遠くないところまで来ているはずである。しかし、そう断言できる証拠もなければ、そう確信できる手がかりもない。現段階では、最終共通祖先がどこにいたのか、どのような姿形をしていたのか、ヒトとチンパンジーはいつどこで分岐したのか、その答えを明確に述べることはできない。さらに悪いことに、始祖の姿形は、私たちが思い描いているようなものではなく、それとはまったく異なる可能性のほうが高いと思われる。一般的に新種というのはいずれも、思いがけない特徴を備えている。古代ヒト科に頻繁に見られるように、進化がモザイク的に進むためだ。しかしこうした不確定要素は、私たちの仕事をいっそう複雑なものにする反面、私たちの研究意欲を刺激してくれる夢の源でもある。いずれ未知の新事実が発見されると知りつつも、私たちはこの始祖を想像しないではいられない。だがそのためには、化石の各部分に現れている進化レベルを把握し、進化の傾向や系統的な関係を明らかにし、派生的特徴から始祖の特徴を突き止めなければならない。進化はモザイク状に進むため、個体の各部分はいずれも同じ進化レベルを示しているわけではなく、各部分がいわば異なる進化年代に属しているからだ。たとえば人間の手だ。そこには五本の指がある。これは爬虫類と共通する原始的な特徴である。ところが人間の親指は、ほかの四本の指と向かい合わせることができる。これはヒトを含む霊長類全般に見られる、きわめて進歩した派生的特徴である。一方、足の親指はほかの四本の指と向かい合わせることができない。こちらは、ヒト科固有の派生的特徴である。サルの仲間の中でヒトだけが、この足の親指対向性を失っているからだ。この例からもわかるように、古代ヒト科に見られるさまざまな特徴の謎を解くのは、非常に複雑な作業である。それをごく断片的な化石から判断しなければならないのだからなおさらだ。さまざまな種と比較して別の種を設定したり、それらの類縁関係を解明したりするのがきわめて難しい作業だということを理解してもらいたい。

そう述べたのは、一般の方々がこのような実態をなかなか理解してくれないからだ。私は発掘調査から戻るたびに、いつも決まって次のような質問を受ける。「新たなヒト科は見つかりましたか？」。大衆は、確固たる人類の起源を求めている。断定的で明確な返事を待っている。私たちが人類の始祖を見つけ、人類が生まれた正確な時期と最初に現れた人類の名前を教えてくれることを期待している。しかしいずれにせよ、人類の正確な起源が明らかになることはないだろう。そのような〝始点〟にまで手が届くはずがないのだ。

よく考えてみてほしい。新たな種を形成するには、小グループ（わずかな数の個体から成る生物群）が孤立化することが条件になる。こうした小グループは、従来その種が受け継いできた遺伝形質の一部しか利用することができない。そのため多くの場合、これらのグループは子孫を残すことなく絶滅していく。生き残ることができた場合、それはそのグループが、孤立した新たな環境に適応できたということだ。こうしてそのグループは、新たな種を形成し、その種を発展させ、個体数を増やしていく。そうして初めて、そのグループの中の一部の個体が運よく死後に化石化するのである。そう考えると、古生物学者が進化の各段階をすべて突き止めることがいかに難しいかがわかる。そんな調査は賭けにも等しい。個体数が限られているだけに、その化石を見つけられる確率はいっそう低いからだ。だから〝始点〟の探究など意味がない。種が形成される過程を考慮すれば、ヒトとチンパンジーが分岐した時点を正確に突き止めることなど夢物語に等しい。私たちにできるのは、ただその時点にできるだけ近づこうとすることだけだ。そのようにして人類の黎明期を解明するほかないのである。トゥーマイは、その時点にどれだけ近い存在なのだろうか？　今のところ私には、トゥーマイなど中新世後期のヒト科が示している進化レベルの前に、第四の進化レベルがあったとは思えない。

現在では、以前にもまして多くの発掘調査が行われるようになった。また、これまで古生物学とは何の繋がりもなかった分野の技術を借りることもできるようになった。私たちは今、好むと好まざるとにかかわらず、新たな発見の時代を迎えている。この時代の中で、人類史の物語は根本的に改められることになるだろう。最終共通祖先の報告が行われるのも、そう遠い話ではないのかもしれない。

私が発掘調査を始めてからすでに四〇年以上の歳月が経った。今の私にはいくつかの選択肢がある。

ひとつは、調査団の仲間とともに、トロス・メナラの四〇〇余りの発掘地点を探索し続けることだ。あくまでこの化石産出地に固執し、古代のヒト科の化石を求め、トゥーマイの新たな家族を求め、ささいな砂粒まで仔細に検討する。それを、地点ごとにめぼしい化石を発掘し尽くすまで続けることも可能だろう。

しかし私が選んだのは、その選択肢ではなかった。トロス・メナラの化石は七〇〇万年もの間発掘されるのを待ってくれたのだから、あともう少しぐらい待ってくれるだろう。それに、調査の引き継ぎも行われており、MPFTに現在参加している（あるいは今後参加する）若い研究者が発掘を続けてくれることになっている。

第二の選択肢は、さらに古い地層の発掘調査に挑むことである。二〇〇五年にチャドで調査を行った際、私たちはそのような地層を発見していた。衛星画像によれば、辺り一帯に水平に重なった地層が広がる中、一部地形的に低いところがある。つまりそこは、トゥーマイを発見した地層より古いということだ。しかし、風食により珪藻岩層や粘土層が削られ、化石を含む砂岩層が現れるまで、一〇～一五年は待たなければならない。老齢の私には、それを悠長に待っていられるほど時間の余裕がない。私よりも次の世代の研究者が適任だろう。

私の選択した道は別にある。私はリビアで調査を始めることを選んだ。それはなぜか？　こうした選択には、これまでのあらゆる人生経験が役に立つ。リビアで新たな調査を始めようと思ったのは、アフガニスタンでの経験があったからだ。かつて私は、アフガニスタンのバーミヤン渓谷やジャララバード盆地で発掘調査を行った。その結果、中新世後期にパキスタンに生息していた種が、わずか三〇〇キロメートルしか離れていないすぐ隣のアフガニスタンには、生息していなかったことを突き止めた。それらの種が、両国を隔てる政治的国境を越えることはなかったのだ。さらに、イラクのイラン国境付近での調査により、アフガニスタン、イラン、ギリシャが同じ動物相を示しており、グレコ=イラノ=アフガン生物地理区を形成していることがわかった。しかし、両国を揺るがす戦争により、調査を続けることができなくなってしまった。私の中で、この謎はいまだ手つかずのままだ。それから三〇年が過ぎた。アフリカの動物相変遷に関する調査の結果、大地溝帯の東側と西側で、共通する種が現れる時期もあれば、異なる種しか現れない時期もあることが明らかになっている。つまり、東側と西側の間で動物の行き来があった時代もあれば、なかった時代もあるということだ。時代ごとの両側の生物地理学的相違を明確にし、それを分析すれば、大地溝帯の両側に生息していたヒト科相互の関係をより深く理解できるのではないだろうか？

七〇〇万年前から三〇〇万年前までの間、中央アフリカには数回にわたり、アジアや北アフリカ、東アフリカ、南アフリカから動物が流入している。私は、東アフリカや北アフリカで動物の行き来がどのように行われていたかを調査してみたいと思った。この移動の実態が把握できれば、初期ヒト科の起源やその後の分散の過程を解明できるのではないかと考えたのだ。リビアを調査地域に選んだのには理由がある。シドラ湾に面したリビアの沿岸地帯と、そこから二五〇〇キロメートルほど南に離れたチャド古代湖との間には、中新世後期（七〇〇万年前）の動物相に関連性があることが判明しているからだ。この水圏の繋がりから、種が分散を始める時期や、種ごとに異なる分散の過程が解明できるかもしれない（種によって分散を始める要因や分散を妨げる要因は異なる）。そのためには、チャドからリビアまで、あるいはスーダンからエジプトまでのあらゆる地域を、古代の環境を考慮し、生物地理学的視点から調査する必要がある。私は数年のうちに、この新たなフィールドに第一歩を印すつもりだ。このフィールドはきっと、人類発祥の地について新たな考え方を提示してくれるに違いない。この地域の政治情勢により調査が妨げられることのないよう祈るばかりだ。これが私の現在の目標、このホモ・サピエンスの未来へ向けた歩みである。砂漠の静けさ、砂漠の大きさ、満天に星を戴いた砂漠の夜も好きだが、砂漠の地平線にはもっとも親しみを感じる。砂漠の地平線は、いくら車を走らせてもどんどん逃げていってしまい、いつも手の届かないところにある。近づけそうで近づけないという点では、科学的真実に似ていなくもない。

しかし、学術的分野でリビアとパートナーシップを結ぶのは容易なことではなかった。私は二〇〇四年初頭、初めてリビアへ飛んだ。その時、指導者であるムアンマル・アル＝カダフィ大佐と会う約束をしていたのだが、結局会えなかった。パンアメリカン航空一〇三便爆破事件以後、リビアとフランスの外交関係が悪化していたため、私の要求を聞き入れてもらえなかったのだ。ところが、意外なところから助け舟が出た。コレージュ・ド・フランスで国家倫理委員会の創設二〇周年記念式典が催された際、私はジャック・シラク大統領に会った。驚いたことに、大統領は私の研究についてかなり詳しい知識をもっていた。そこで私は大統領に、リビアにおけるプロジェクトの説明をした。するとどうだろう。その年のうちに、大統領のリビア公式訪問に同行させてもらうことができたのだ。学者で同行したのは、四〇名ほどいる考古学界の長老の中では忘れられた存在ともいえるアンドレ・ラロンド教授、それに私だけである。シラク大統領は、リビア革命の指導者であるカダフィ大佐に私を紹介すると、何の前置きもなく、私の計画やそれにまつわる問題について説明を始めた。その説明にはいささかの間違いもなかった。

「何か言い忘れたことはありますか？」。やがて大統領が私に尋ねた。

「そうですね、リビアも人類発祥の地に含まれるはずだと伝えてください」

すると大佐は立ち上がって私に握手を求め、リビアはいつでもあなたを歓迎すると請け合ってくれた。やがて、ンジャメナとの協力協定にならい、トリポリのアル＝ファテフ大学地質学部とポワチエ大学との間で古生物学・古人類学研究協定が締結された。研究、教育、収集した化石の保存の三項目において、持続的に協力し合える環境を構築するための協定である。

どこの国の指導者も、その領土内で人類の始祖かもしれない化石を発見してもらい、自国や自国民の歴史に花を添えたいと思っているようだ。

カダフィ大佐の言葉は嘘ではなかった。二〇〇五年には、大佐と非公式の会談を行った。場所は、ベドウィン出身の大佐にとっては故郷とも言える砂漠の真っただ中である。大佐は輝かしい謎を身にまとうのが好きなのだろう。その会談は次のように始まった。シルトの大きなホテルで何の知らせもなく二日も待たされ、知人に苛立ちをぶつけ始めていた私のもとへ、日暮れ時に数名の男がやって来た。私を乗せた車は、長い間かなりの速度で砂漠を走っていった。すると突然、砂の広大な平原の中に巨大な鉄柵の門が現れた。私たちは数々のチェックを受けた。先導する車が何度も変わった。やがて私はいちばん手前のテントに連れていかれた。大佐の官房長のテントである。そこでごく紳士的な挨拶を交わすと、大佐専用のテントへ案内された。テントの入り口の前で待っていた大佐と私に、カメラのフラッシュが次々と浴びせられる。私は促されてテントの中へ入ると、計画している調査の焦点であるトゥーマイを大佐に紹介した。そして、物資の調達や運搬に関する要求を述べた。中東風のカーペットやプラスチック製の白い家具が配された広いテントの中で、私たちはダーウィンについて、トゥーマイについて語り合った。礼儀正しい学識豊かな大佐は、自然科学に大変興味をもっているようだった。

こうして、フランス＝リビア古生物学調査団（MPFL）が組織された。早速私は、南リビアの砂漠で最初の予備調査を行ってきた。数時間後には、新たな地質調査を行うため、フェザン地方（リビア南西部）に再び出発する予定である。

七〇〇万年前の中新世後期には、チャド＝リビア生物地理区が確かに存在していた。この区域には水陸両生の哺乳類二種が分散しており、北のシドラ湾沿岸のサハビと、そこから二五〇〇キロメートル南に位置するチャド湖水系の間に、水圏の繋がりがあったと考えられる。ということはトゥーマイやその家族も、その水圏をたどり、南北へ移動することができたかもしれない。そう考えると、人類発祥の地はチャドを超えてさらに広がる可能性がある。生物地理学的に見れば、リビアもその一部に含まれる。

ちなみに私は、チャド政府が、古代ヒト科の発掘された場所をユネスコの世界遺産に登録しようとする試みを、個人的に応援している。トゥーマイやアベルのみならず、東アフリカや南アフリカで発見されたヒト科の化石は、人類の歴史を構成するものであり、その意味で全人類の遺産というにふさわしいものだからだ。それらを完全な状態で保存するためにあらゆる手段を利用しようとするのは、当然のことだと思う。

どんな発見にも意味があり、優劣の差などない。私たちはその発見を通じ、何もわからない中から、人類史の各章を書き続けている。第一章だけが重要なのではない。歴史の全貌がわからなければ、人類の叙事詩の総体的な意味を見出すことはできないからだ。幸いなことに若い世代にもまだ、解明すべきこと、発掘すべきもの、語るべき歴史が残っている。さまざまな出来事がどのように繋がっているのか？　人類史にどんな驚くべき謎が隠されているのか？　それを理解するには、まだまだ多くのデータが欠けている。

これからも人類史は、さまざまな部分が解明されていくに違いない。だがその際、国際的な科学誌に発表して専門家の意見を求めることはもちろんだが、専門家に認められた暁には、広く一般大衆に公表し、説明を行うことも必要だろう。発見した内容を一般に広めるのも、学者の義務である。学者は、自分の時間を研究と教育に費やす一方、新たな発見をするごとにそれを公にし、一般大衆が優れた科学的教養に触れられるようにしなければならない。私が一〇年以上前から、ポワチエ大学のピエール・マンデス＝フランス科学技術文化センターの活動に参加しているのはそのためだ（私は現在その副所長を務めている。所長は友人のディディエ・モロー）。私はそこで、センター指導部や科学評議会の面々とともに、子供や大人向けの講演会や展示会の企画・開催に携わっている。

そうした活動の一環として私は、化石人類の彫刻を専門にしているエリザベート・デイネに協力を仰ぎ、トゥーマイの頭部の復元に取り組んだ。デイネはこの分野では有名な彫刻家で、あのルーシーやルシアン（ルーシーの近くで発見されたオスのアウストラロピテクス・アファレンシス骨格）を始め、ドルドーニュ県レゼジーにある国立先史博物館の〝トゥルカナ・ボーイ〟（ケニアで発見されたほぼ完全なホモ・エレクトス骨格）、シャラント＝マリティム県サン＝セゼールにあるパレオシット先史インタラクティブセンターの〝ピエレット〟（同地で発見されたネアンデルタール人骨格）の復元像は、いずれもデイネの手によるものである。デイネによれば、トゥーマイの場合、アウストラロピテクスとは異なる解剖学的特徴をとらえるのが難しかったという。私たちは六ヵ月の間、ほぼ週一回のペースで顔を合わせ、復元作業を行った。樹脂で作ったトゥーマイの頭蓋骨複製の上に、リモージュ焼で使用する粘土のカオリンで筋肉をつけていった。こうして人類最初の顔が出来上がっていく様子を間近で眺めるのは、本当にわくわくする体験だった。このグレーの粘土で作った頭部は間もなく『ネイチャー』誌の表紙を飾った。次いでデイネは、この頭部の鋳型を作り、今度はやわらかいエラストマーで複製を製作した。粘土像は、絶えず水を振りかけておかないとひびが入ってしまい、長持ちしないからだ。それから二人で義眼を選び、もともとついていた歯に似せた陶製の歯を入れた。そして最後に、トゥーマイの頭と胸に本物の毛を一本ずつ植えていった。こうして世界に公表する準備が整ったサヘラントロプス・チャデンシスは、二〇〇五年三〜九月に開催された愛知万博で華々しく公開された。デイネの製作した胸像だけではない。トゥーマイのオリジナルの頭蓋骨の複製、コンピュータ上で再構成した三次元モデルの実体模型、トゥーマイに関連するさまざまな動物化石の複製が海を渡った。私も、わが調査団の優秀な成形工であるグザヴィエ・ヴァランタンとともに日本へ飛んだ。飛行機内でトゥーマイは、私の隣席——ビジネスクラスの一席に陣どり、周囲の乗客の度肝を抜いたようだ。日本では、主催者から特別な関心を寄せられるとともに、グローバル・ハウスに展示されて注目を集め、二二〇〇万人もの来場者の目を驚かせた。

ジェデオン・プログラム社によるトゥーマイのドキュメンタリー番組も制作された。撮影には三年近くかかったという。私は、この作品の若きディレクター、ピエール・スティーヌをはじめとするスタッフとじっくり話し合い、何週間もかけて台本を練り上げていった。スティーヌのほうでも、私たちの調査の過程をよく理解するために、調査団のメンバーにさまざまな質問をしていたようだ。スティーヌはまた、高解像度のカメラ二台や撮影用クレーンなど、何トンもの機材とともに砂漠に同行した。こうした撮影は調査団にとっても私自身にとっても大変な重荷である。しかし、テレビ番組は知識を一般に広めるきわめて有効な手段であり、そういう意味で私の仕事に欠かせないものなのだ。テレビを通じて、ヨーロッパやアフリカ、あるいはさらに遠い国々の何百万という人に、トゥーマイについて、私たちの活動について、砂漠について、研究室について、さまざまな技術について伝えることができると思うとうれしくなる。国立教育資料センターとの契約により、小中学校や高校にこのDVDが配布されるというのも喜ばしいかぎりである。

人類史の学術的知識については、一般大衆が利用できるようにあらゆる情報を広め、説明を行うべきだろう。というのは、天地創造論の信奉者がまだかなりの数にのぼるからだ。アメリカの若き教師ジョン・トーマス・スコープが、ダーウィンの進化論を子供に教えた罪で告発されてから、すでに八〇年が過ぎた。しかし、私たちの祖先がサルかどうかということについては、いまだ議論が絶えない。スコープは、バイブル・ベルトと呼ばれる保守的な南部諸州で罵倒され、人間を〝下等な種（サル）〟の子孫だと暗に主張したとして、有罪判決を受けた。当時、スコープが教鞭をとっていたテネシー州では、創世記に反するとして、公立学校で進化論を教えることが法律で禁じられていたのだ。一九二五年にアメリカで燃え上がったこの論争は、その後一時的に下火になった。最高裁判所がこの法律に対し、政教分離を謳う憲法修正第一条に違反するという判決を下したからだ。しかし論争の火はくすぶり続けた。一九六〇年代には、聖書を文字どおり解釈する〝創造科学〟が提唱され、進化論に対抗した。一九八〇年代には創造科学の信奉者が、創造科学も進化論と同じように公立学校で教えるべきだと主張して認められ、それ以来、創造科学は数ある人類史の考え方のひとつとして紹介されるようになった。やがて創造科学が南部諸州を超え、北部や東部、西部に新たな賛同者を生み出すようになると、創造科学の教育を義務化する地域はますます広がっていった。しかし、遺伝学や分子生物学、放射性年代学などの進歩、あるいは古生物学上の相次ぐ発見により、創世記を文字どおり解釈し、創世記で人類史を説明しようとする試みは困難になるばかりだった。すると今度は、新天地創造論なるものが現れてきた。これは、天地創造論を科学的に説明しようというものだ。六日間での世界創造やノアの洪水を説明するため、まったく異なる前提に基づき、古生物学の成果に新たな意味を付与しようとする。今では新天地創造論者の主張が認められ、学校で人類史を教える場合、新天地創造論と進化論それぞれのよりどころとなる学術的証拠を提示し、そこから引き出せる結論を紹介するだけになった。疑似科学的な論拠を持ち出し、憲法修正第一条に抵触しないようにしているのだ。

そしてさらに、一九九〇年代以降になると〝インテリジェント・デザイン〟なる説が現れた。その信奉者によれば、インテリジェント・デザインは科学であり宗教ではない。彼らは巧妙な推論を駆使して、進化論だけですべてを説明することはできず、何らかの知性がこの世界全体をデザインしたに違いないと主張する。だがこれは、まさに中世の〝自然の階梯〟論の現代版にほかならない。生物は進化により少しずつ制約を乗り越え、やがては最終目標であるヒトに至るという考え方、ヒトは神の望みどおりに作られた、地球上でもっとも高度な有機組織をもつ種であるという考え方である。インテリジェント・デザインの支持者は、生物学者や古生物学者と討論を行い、その成果を自分たちの信念に照らして再解釈することで、勢力を広めている。最近では、海を越えたヨーロッパでもこの種の論争が激しさを増してきた。私たちは、このような行き過ぎた考え方から身を守らなければならない。そのためにも公立学校は、若い世代の心に批判的精神を育て上げる必要がある。科学は、後代に残すべき人類の遺産のひとつである。その科学を放棄し、全能の神にすべてを委ねてしまうのは、思想の自由や研究の自由、ひいては民主主義を抑圧するに等しい。

エピローグ

現在、全世界の古人類学・古生物学研究室が、大規模な国際調査団を組織してアフリカ大陸の調査を行っている（MPFTやMPFLもそのひとつである）。人類史のあけぼののわずかな光をとらえようと、カルストや地質断層、砂漠などで有望な化石層を探しているのだ。今やその調査範囲は、アフリカ大陸東部、南部、中央部はおろか、北部や西部にまで広がっている。すべては、七〇〇万年以上前にさかのぼる人類史の第一章を記す権利を手に入れるためである。

公立私立を問わず学校の教師には、このきわめてユニークな研究が示す新たな展開にぜひ注目してもらいたい。また研究者には、若者への教育内容を随時更新していくためにも、ぜひ必要な情報を教師の方々に提供し、子供や若者が科学を生かせる環境作りをしてもらいたい。

というのも、つい先日、イル＝ド＝フランスの小学校に通っている孫娘のマエルからこんな話を聞いたからだ。ある日、マエルの担任の先生が先史時代の授業を行った。それによると、ルーシーが発見されてから三〇年が経ち、それ以後人類の起源に関する知識もかなり増えているはずなのに、ルーシーがもっとも古い人類の化石だと教えられたという。なぜだろう？　「ルーシーが二本足で歩いていたのは間違いないからだよ」。私はそう答えざるを得なかった。

トゥーマイには頭蓋骨しかなく、脚の骨がない。一方、オロリンやアルディピテクスには歯や四肢骨しかなく、頭蓋骨がない。つまりこれらは、存在しないも同然なのだ。このエピソードを読めば、教育内容に新たな事実を盛り込むのはきわめて難しく、そのためにはかなりの時間が必要なことがわかるだろう。もちろん、驚異的な成果を上げる教育方法などあるとは思わない。そんなものがあれば、どの学校の門にも掲げられているはずだ。しかし私たちには、子供の好奇心を目覚めさせ、批判的精神を育み、科学への情熱を高めていく義務があるのではないだろうか。そのためにも、学者がいつも試行錯誤を行い、前進や後退を繰り返すことで創造力を刺激していることを、子供に教えるべきだろう。そして、学者が研究に注いでいる情熱を体験したい、新たな知識を獲得したいという気持ちを、子供一人ひとりに植えつけていくべきだろう。

たとえば、遺伝学の驚異的な進歩により、現生人類は〝それぞれ異なるが、みな類縁関係にある〟ことが証明されている。これは周知の事実である。フランスでも、パリ人類博物館の展覧会やその巡回展を通して広く知れ渡っている。それでも現代社会には、人種に対する偏見がまだ根強く残っている。科学的根拠もないまま、古くから続く一九世紀人類学のような偏見が、暴力的な外国人排斥運動となって繰り返し表面化している。こうした危険な偏見は、例外なく非難されるべきである。

また、世界中の多くの国で研究者になりたがる若者が激減しているという。フランスも例外ではない。若い世代の大半が、苦労の少ないほかの職業を選んでいる。わが国の将来のために、この大問題にどう対処すればいいのか？　世界の学界の揺るぎなきリーダーとして君臨しているアメリカや、頭角を現しつつある中国に負けないよう最良の人材を確保し、研究を活性化するにはどうすればいいのか？

現代には、現代にふさわしい子供ができる。現代の若者は消費社会に浸りきっている。消費社会は、短期的な思考や刹那的な満足、個人主義を助長する。もはや大人は、逆境や試行錯誤、忍耐や我慢といったことを子供に教えることができない。だが科学は、それらすべてを教えてくれる。論理の飛躍を認めず、継続性・一貫性を断固として守りつつ、新たな道を模索していかなければならないからだ。現代にあって親や教師、研究者がなすべきことは、子供に科学を教えることなのではないだろうか。それは、子供に夢を与えることでもある。科学を学べば、疑問を抱き、幅広い視点をもつことができるようになるだけでなく、粘り強さや情熱、発見の喜びを手に入れることもできる。中でも古生物学は、人生の学校と言ってもいい。人類の起源をひも解き、人類の進化史を解明しようとする古生物学は、私たちを類いまれな冒険の世界にいざなってくれる。その分析には多分野の知識が必要なため、助け合いの精神、忍耐力、適応性を身につけることもできるだろう。

私はこれからも、小中学校の子供たちや高校生、一般大衆にそう訴えていくつもりだ。その結果、私のような研究者になりたいと言ってくれる学生が現れれば、私の努力も報われるだろう。こうした学生がいずれ新たな道を開き、そこに自分の足跡を刻んでいってくれるかもしれない。

暴力により社会的な亀裂を深めるばかりで、多様性を失いつつある現代社会。そんな社会に対するメッセージとして、古人類学の科学的知識をひとつ紹介して終わりにしたい。

人類はみなアフリカから生まれた。私たちは同じ源をもつひとつの家族なのだ。

二〇〇六年五月六日　パリにて

謝辞

ソフィー・ブロカ、エミリー・バリアン、ジャン＝リュック・テラディロス、イラスト担当のサビーヌ・リフォー、写真を撮影してくれたアニエス・ガロ－デル、ＭＰＦＴのメンバー全員ほか、私を助けてくれたあらゆる人に謝意を表する。

寄稿

時空を超えた永遠の旅人へ

田村　愛

ミシェル・ブリュネ。出会ったのはおよそ一〇年前。愛知万博へ向けて、わたは日本にトゥーマイを紹介するプロジェクトの準備のために、ポワチエ大学の研究室を訪ねた。「お前さん、古人類学のなにを理解しているのかね?」という冷ややかな歓迎を受けたのを覚えている。見たところかなり年齢を重ねているものの、銀縁眼鏡の奥のブルーアイには、若者に負けない鋭い光がつーっと走っていた。定年なんて言葉は彼の辞書にはなさそうだった。大きな身体はどっこいしょだが、ひとたび喋り出すとさすがに教授らしく、理路整然と何が大切なのかをわかりやすく説明してくれる。また、だめなものはだめ、一歩も譲らない科学者だった。わたしはこういうちょっとくせ者で、堅物が実は好きだ。交渉相手としては悪くなかった。

彼の研究室は、理科室を彷彿とさせる独特の古くさい匂いがあって、棚に標本がずらり、引き出しには几帳面に番号が打たれた小骨がぎっしり並び、書類の方はあちこちに山積みになっていた。この堅物ミシェルは、無知なわたしに古人類学の基礎知識を大急ぎで伝授してくれた。こと仕事に関係することには丁寧で情熱いっぱいだということが、少しずつうかがい知れた。晴れてトゥーマイは愛知万博（二〇〇五年）を機に日本に紹介され、二〇〇八年には、フランス学問の殿堂コレージュ・ド・フランスの教授に、ミシェルは任命されていた。

二〇一一年一一月、一〇余年の欧米での研究が一段落し、トゥーマイは発掘された本国チャドへ返還された。そこではチャドのデビー大統領はじめンジャメナ市民が熱く待ち受け、世界中から集まった古人類学者に混ざって、この凱旋帰国?! にわたしも同席する光栄に浴した。ミシェルはこの機会にチャドでは初の国際古人類学シンポジウムを開催した。科学者らの最新調査報告に対抗して、「それでも人類の祖先はサルとは思いたくない」とするチャド人学者の主張や、「トゥーマイを通して、チャドと世界の繋がりがみえてくる」と熱く語る参加者などでディスカッションは盛況だった。市内でもトゥーマイという素敵な名前にあやかった新ビジネスが登場しており、その看板を横目にしながら、われわれは軍用機に乗り込んで、当時の発掘現場ジュラブ砂漠へと向かった。

灼熱の砂漠にも、時々気持ちのよい風が吹く。チャド湖の一端をなした、かつて大海原だった大地を少し歩くと、足下にカバやワニなどの化石がごろりと見つかる。「これらも七〇〇万年前のものだよ」と、ミシェルはさらりと言う。人間や動物が生き延びるには過酷な自然環境となっている今日のジュラブ砂漠。でもなにかが優しい……。かつての生き生きとした生命の記憶がこの砂の中にまぎれもなく残っているからだろう。「砂漠はいいだろう」とミシェルは目を細め、遙か遠くをみつめていた。

ミシェルはどんな地位を得ても、「足腰痛いぞ」とぼやきながら、毎年、発掘現場へ出かける。安全な発掘環境を整えるためにはリーダーとして政治外交も厭わない。「現地の科学者が育たなければ何の意味も無い」と若い研究者の指導にも熱心だ。今日、世界的に活躍する学者とは、ただ自らの研究に邁進するだけでは不十分。二足のわらじどころか、数足のわらじを履きこなさなければ歴史に名を残す研究はできないのだと、わたしはこの砂漠で知った。ミシェル・ブリュネの情熱の裏に隠れたもうひとつの姿を垣間見ていた。

「学校なんか行かないよ!」と仏西部シャラント地方で育ち、大自然と戯れた小学生の思い出が、彼の人生の尺度を形成したのは間違いないだろう。自然を愛する者に自然がなにか答えてくれたはずだ。ミシェルが次に解き明かすだろう地球の運命・歴史が楽しみだ。

何百万年という時間と向き合い、アフリカ、ユーラシア、アメリカ大陸という空間を楽々と越える旅人ミシェル・ブリュネ。この人がもっているヴィジョンは、平凡な?! われわれとは違う。今日もわたしは彼との会話でともに夢飛行する。

永遠の旅人よ、わたしはあなたから人生を一二〇%生きることを学んだ。
次回はパリではなく、砂漠を共に歩きたい。

二〇一二年一月一一日　パリにて

訳者あとがき

山田　美明

私は、本書の第一章を読んだ時から、文字どおり古人類学にはまってしまった。それまで私が古人類学について知っていたことと言えば、一九八〇年代初頭に中学で学んだ貧しい知識だけだった。サルから猿人↓原人↓旧人↓新人と進化して現代人に至るという、かつてはきわめてなじみ深かった構図である。ところが第一章を読み進めていくと、まるで事情が違う。ヒトは一本の道を真っ直ぐに突き進んでサルから現代人へ進化したのではなく、一本の木のように、無数の枝を伸ばしながら進化してきたのだという。その過程でさまざまな種のヒトが現れ、ある種は絶滅し、ある種は生き延びて現代人にたどり着いたのである。

今さらながらにそんな事実を知った私は、それ以後、古人類学に関する和書をいくつか読みあさったが、人類史が次から次へと塗り替えられていくさまには驚かされるばかりだった。書籍の出版年がわずかに違うだけで、人類史の内容が大きく変わっているのである。私が中学で学んだ知識など、今では古すぎて話にもならないぐらいだ。トゥーマイ以後、人類史を大きく変える発見はまだないと思われるが、もしかしたらこの原稿が活字になるころには、また新たな発見が世間を騒がしている可能性性もなくはない。

だが、本書のおもしろみはそんな人類史の説明にあるのではない。そもそも本書を手にとるような読者であれば、最新の人類史の内容などすでにご存知だろう。最近の古人類学の成果から人類史を再構成したような本は数多く出版されているからだ。しかし本書は違う。プロローグにもあるように、人類史の解説というよりは、古人類学者の日記あるいはエッセーなのである。そこに本書の独自性がある。

本書では、著者の研究の焦点を理解するために最低限必要な程度にしか、人類史に関する解説はされていない。著述の大半は、著者のこれまでの体験談である。著者が研究者になるまでの過程、発掘調査にまつわるさまざまなエピソード、アベルやトゥーマイの分析を通して人類史を解明していく具体的なプロセス、といったことだ。教科書的な解説書ばかりを読んできた私は、次から次へと塗り替えられる人類史の裏側に、数多くの古人類学者の地道な努力が隠されていたことを改めて知り、深い感慨に打たれた。一般に学問は成果にばかり注目されるが、本書を読んで、成果に至るまでの道のりもきわめて興味深いことに気づかされた。

本書はこうした体裁をとっているため、散漫な印象を与えるかもしれない。しかしそこには、全編を貫いて二つの通奏低音が流れている。ひとつは、大自然への限りない愛情である。とりわけ私の印象に残ったのが、第二章や第四章に現れる砂漠のエピソードだ。その記述は読む者に強烈なイメージを喚起せずにはおかない。行けども行けども地平線と砂しか見えない砂漠。猛烈な砂嵐。そんな過酷な環境での発掘作業……。しかしそれを記す著者の筆からは、大自然への愛情が感じとれる。思わず読み手が砂漠に郷愁を覚えてしまうほどだ。もうひとつの通奏低音は、科学への篤い信頼である。著者は、自分がトゥーマイを見つけたのは決して運がよかったからではなく、科学的思考に従った結果であると繰り返し述べている。そんな科学に対する信頼があったからこそ、一〇年も二〇年も大地溝帯の西側で先史人類を探し続けることができたのだろう。こうした信頼はまた、感情論や信仰から生まれる非科学的な見解を仮借なく糾弾する態度にも如実に表れている。最終章やエピローグに現れる科学論はきわめて情熱的だ。これら二つの通奏低音を土台に、本書は大自然を相手にする科学者の生きざまを余すところなく垣間見せてくれたと言えるだろう。

私の知らないことばかりが記された本書を翻訳するのは、きわめて楽しい作業だった。拙い訳文を監修してくださった諏訪元教授、本書を翻訳する機会を与えてくださった株式会社リベルの山本知子さん、きわめて有益な参考図書を送ってくださった原書房編集の永易三和さんにこの場を借りて謝意を表したい。

二〇一二年六月

著者
ミシェル・ブリュネ
Michel Brunet

一九四〇年生まれ。コレージュ・ド・フランス教授で、人類古生物学講座の主任。哺乳類進化の専門家で、主要な考古学的発見を行う。大地溝帯西で、最初に三五〇万年前と推定される〈アウストラロピテクス・バーレルガザリ　愛称アベル〉を発掘、その後、七〇〇万年前の最も古いヒト科と考えられる〈サヘラントロプス・チャデンシス　愛称トゥーマイ〉を発掘する。

パリ・ソルボンヌ大学で古生物学を修めた後、ポワチエ大学で博士の学位を取得し、同大学で教員・研究者として活動、一九八九年に教授となる。二〇〇七年までCNRS（フランス国立科学研究センター）地質生物学、生物年代学、古人類学混成研究室（UMR6046）を主宰。一九九九〜二〇〇一年までモナミゼ村の助役も務める。二〇〇七年、コレージュ・ド・フランス教授に就任。また、フランス＝チャド古人類学調査団のリーダーでもある。一〇ヵ国、六〇人の研究者から構成されるこのチームは人類の起源を求めて、国際的な研究プログラムを進めている。

継続的に西アフリカで調査を進めているが、これはイヴ・コパンがヒト科の起源について提言した〝イーストサイド・ストーリー〟理論を科学的に検証するためである。目的遂行のため、一九八〇年代初めからカメルーン、チャドで発掘調査を行っている。フランス＝チャド古人類学調査団のリーダーとして活動し、二〇〇二年には〈トゥーマイ〉を発表した。最古のヒト科の化石人骨で、おそらくは二足歩行をしていたと考えられている。

監修者

諏訪　元　*Gen Suwa*

一九五四年生まれ。東京大学総合研究博物館教授。東京大学理学部生物学科卒、同大学院人類学課程に進学、並行してカリフォルニア大学バークレー校大学院に在籍、アフリカの初期人類研究を開始する。当初から哺乳動物化石に広く精通し、人類化石では歯の形態を第一の専門としながら、頭骨、四肢骨の研究にも従事。一九九〇年代以後は、三次元形状の先駆的な形態解析にも携わってきた。エチオピアの野外調査では、世界最古級のハンドアックスやボイセイ猿人頭骨化石を発見、一九九二年にはラミダス猿人の第一号化石を発見。二〇〇六年以後は一〇〇〇万年前の大型類人猿チョローラピテクスの調査に従事、二〇〇九年にはラミダス猿人の全身骨「アルディ」他の研究発表に参画。

翻訳者

山田　美明　*Yoshiaki Yamada*

フランス語・英語翻訳家。東京外国語大学英米語学科中退。主な訳書に、G・ザッカーマン『史上最大のボロ儲け』(阪急コミュニケーションズ)、V・ラマスワミ他『生き残る企業のコ・クリエーション戦略』(徳間書店)、R・ルラングァ『ルワンダ大虐殺』(晋遊舎)、P＝M・ドゥ・ビアシ『紙の歴史』(創元社)など、共訳書に、T・クイン『人類対インフルエンザ』(朝日新書)、M・キンズレー『ゲイツとバフェット　新しい資本主義を語る』(徳間書店)などがある。

人類《じんるい》の原点《げんてん》を求《もと》めて
アベルからトゥーマイへ

●

2012年7月20日　第1刷

著者　ミシェル・ブリュネ
監修者　諏訪《すわ》　元《げん》
翻訳者　山田《やまだ》　美明《よしあき》

装幀　川島　進（スタジオ ギブ）

発行者　成瀬雅人
発行所　株式会社原書房
〒160-0022 東京都新宿区新宿1-25-13
http://www.harashobo.co.jp
振替・00150-6-151594

印刷・製本　中央精版印刷株式会社

ISBN978-4-562-04750-5 Printed in Japan